머릿속에 쏙쏙!
미생물 노트

미생물 노트

사마키 다케오 엮고 씀 **김정환** 옮김

시그마북스
Sigma Books

머릿속에 쏙쏙! 미생물 노트

발행일 2020년 5월 8일 초판 1쇄 발행
2021년 7월 15일 초판 3쇄 발행
편저자 사마키 다케오
옮긴이 김정환
발행인 강학경
발행처 시그마북스
마케팅 정제용
에디터 장민정, 최윤정, 최연정
디자인 김문배, 강경희

등록번호 제10-965호
주소 서울특별시 영등포구 양평로 22길 21 선유도코오롱디지털타워 A402호
전자우편 sigmabooks@spress.co.kr
홈페이지 http://www.sigmabooks.co.kr
전화 (02) 2062-5288~9
팩시밀리 (02) 323-4197
ISBN 979-11-90257-45-9(03470)

시작하며

- **우리 주위에 가득한 미생물에 대해 알고 싶은 사람**
- **인간과 미생물의 관계에서 우리에게 도움이 되는 실용적인 지식, 재미있는 지식을 얻고 싶은 사람**

이런 분들을 위해 이 책을 썼습니다.

우리 주위에는 균이나 균류(곰팡이 또는 버섯), 바이러스 같은 아주 작은 생물, 바로 미생물이 존재합니다. 육안으로 볼 수 있는 것도 있지만 대부분은 광학현미경이나, 그보다 배율이 높은 전자현미경을 이용하지 않으면 볼 수 없을 만큼 작지요.

미생물이라는 단어를 들으면 식중독이나 감염병을 일으키는 세균, 곰팡이, 바이러스를 떠올려 '무서워!', '불쾌해!'라고 생각하는 분도 있을지 모르겠습니다. 분명 식중독이나 감염병은 인간과 미생물의 불행한 관계입니다. 하지만 인간과 미생물의 관계에서 이것들이 전부는 아닙니다.

자연계에서 미생물은 유기물을 분해해 지구를 아름답게 유지시켜줍니다. 또 미생물이 없으면 자연의 생태계는 성립되지 않지요. 미생물의 활약 덕분에 우리는 맛있는 음식이나 음료를 만들 수 있고, 병을 일으키는 세균을 몰아내는 항생 물질도 만들 수 있습니다.

인류는 아직 미생물의 세계를 완전히 알지는 못합니다. 영화 등을 보면 미생물

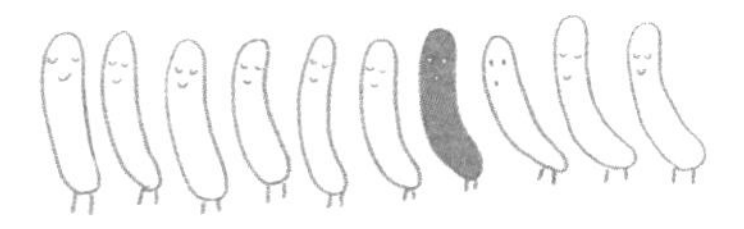

을 조사하기 위해 면봉을 문질러 채취한 물질을 샬레 속 한천 배양기에서 배양한 뒤 출현한 콜로니를 보면서 '이런 미생물이 있었다니!'라며 놀라는 장면이 종종 나옵니다. 하지만 실제로는 이렇게 채취한 것 중에서 극히 일부분의 미생물밖에 찾아내지 못합니다. 흙 속에 사는 미생물도 채취한 100개 중 1개를 배양할 수 있을까 말까 한 정도라고 하지요.

현재는 미생물의 DNA를 추출해 이것을 대량으로 늘린 뒤 차세대 시퀀서(NGS)라는 기계를 이용해 분석하는 방법이 등장했습니다. 덕분에 우리 몸에 살고 있는 미생물의 종류와 수가 천문학적인 수준으로 많다는 사실도 알게 되었지요. 대략 어느 정도인가 하면, 우리 몸을 구성하는 약 37조 개의 세포보다도 우리 몸에 있는 미생물의 수가 훨씬 많다고 합니다.

미생물에 대해 '이것도 저것도 전부'가 아니라 '이것만큼은 알고 있었으면' 하는 내용만을 엄선해 담았습니다. 이 책이 여러분과 미생물이 만나는 흥미로운 계기가 되었으면 합니다.

마지막으로 미생물 초보자의 시선에서 이 책의 편집 작업에 협력해 주신 일본 아스카 출판사의 편집자 다나카 유야 씨에게 감사의 인사를 전합니다.

편저자 **사마키 다케오**

차 례

PART 1. 미생물은 어떤 생물일까?

PART 2. 상재균은 인간과 함께 살고 있다

PART 3. 맛있는 식품을 만들어주는 미생물이 있다

PART 4. 분해자로 활동하는 미생물이 있다

PART 5. 식중독을 일으키는 미생물이 있다

PART 6. 병을 일으키는 미생물이 있다

이 책에 나오는 주요 미생물

- 혐기성이다.
- 강력한 신경 독소를 만들어낸다.
- 1세 미만의 영아에게 벌꿀을 주면 안 된다.

[아크네균]

- 모공 속에 사는 상재균이다.
- 선성균과 악성균이 있다.

[대장균]

대체로 무해하다.

이따금 나쁜 친구가 있다.

[A형·E형 간염 바이러스]

- 열에 약하다.
- 비위생적인 물에 주의한다.

[크립토스포리디움]

- 숙주의 위나 장에 기생한다.
- 염소 등을 이용한 소독은 효과가 없다.

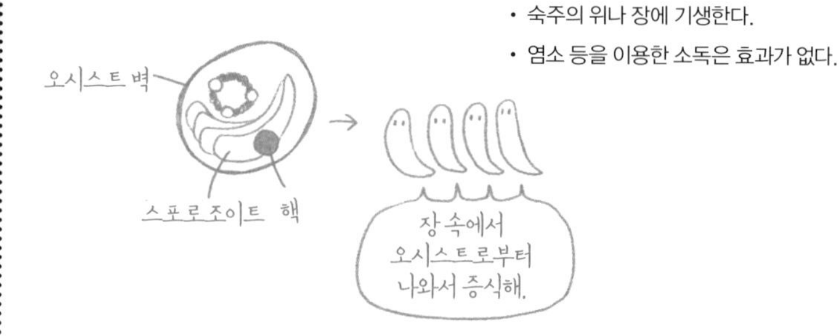

[인플루엔자 바이러스]

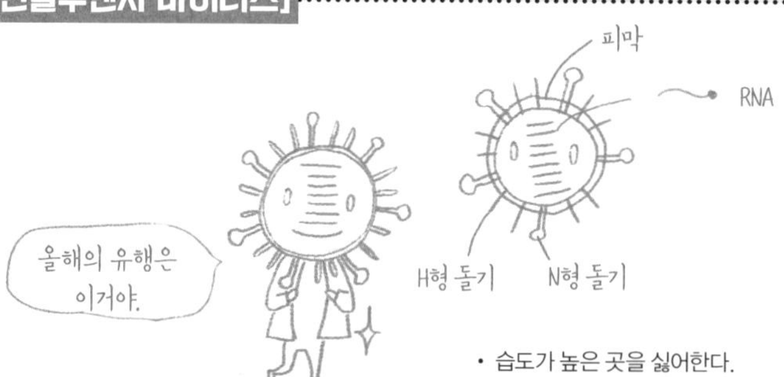

- 습도가 높은 곳을 싫어한다.
- 새로운 종류가 계속 생겨나고 있다.

[캄필로박터균]

- 열에 약하다.
- 5~7월이 유행기다.
- 증식 속도가 느리다.

[병원성 대장균 O-157]

- 열에 약하다.
- 잠복기가 길다.
- 수가 적어도 감염된다.

[노로 바이러스]

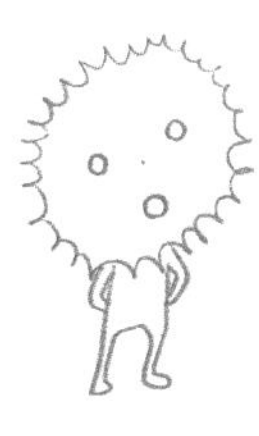

- 열에 약하다.
- 10~100개로도 감염된다.
- 알코올 소독은 효과가 없다.

[로타 바이러스]

- 백신이 있다.
- 10~100개로도 감염된다.
- 알코올 소독이 효과적이다.

[비피더스균 / 유산균]

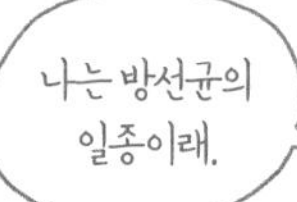

[뮤탄스균]

- 당을 원료로 플라그를 만든다.

[황색 포도상 구균]

- 열에 강하다.
- 위산에도 분해되지 않는다.
- 항생 물질에 내성을 지닌 균도 있다.

[장염 비브리오균]

- 열에 약하다.
- 민물에 약하다.
- 증식 속도가 빠르다.

[살모넬라균]

- 열에 약하다.
- 건조한 환경에 강하다.
- 달걀 외에 닭, 소, 돼지, 개, 고양이 등의 애완동물이 매개체가 된다.

[결핵균]

- 현재도 수많은 감염자와 사망자를 내고 있다.
- 증식 속도가 느리다.

[폐렴 구균]

- 구(球) 2개가 붙어 있는 모양이다.
- 아동이 감염되면 중증화되기 쉽다.

[풍진 바이러스]

- 감염되어도 증상이 가벼울 때가 많다.
- 임신 중 감염되면 태아가 장애를 갖고 태어날 수 있다.

[페스트균]

- 균을 보유하고 있는 벼룩이 매개체가 된다.
- 빨리 치료하지 않으면 사망한다.

[말라리아 원충]

- 균을 보유하고 있는 모기가 매개체가 된다.
- 저항성을 지니고 있는 사람이 있다.

[레지오넬라균]

- 어디에나 있지만 수가 적다.
- 아메바에 기생해 증식한다.
- 온천이나 수영장 등에서 주의가 필요하다.

[수두 대상포진 바이러스]

- 감염되어도 가벼운 증상으로 끝날 때가 많다.
- 치료 뒤 신경세포에 숨어 있다가 다시 활성화될 때가 있다.

[B형 간염 바이러스]

- 감염되면 간암 등의 원인이 된다.
- 모자 감염을 방지해 새로운 보균자를 줄이고 있다.

[인간 면역 결핍 바이러스]

- 세계 3대 감염병으로 불린다.
- 치료법 개발의 진전으로 사망률이 낮아지고 있다.

[파일로리균]

- 위액 속에서도 살 수 있다.
- 전 세계인 절반의 위 속에 있다.

[에키노코쿠스]

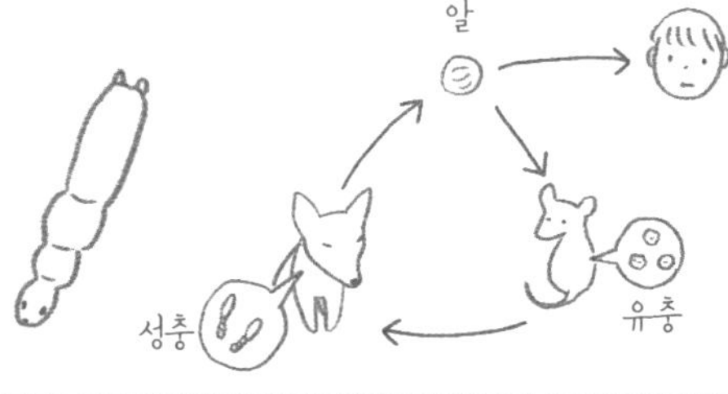

- 기생된 여우 또는 배설물을 만지거나 감염된 산나물을 먹으면 감염된다.

[광견병 바이러스]

- 주로 포유동물의 침 속에 있다.
- 치사율이 거의 100%다.

PART 1

미생물은 어떤 생물일까?

01 어떤 미생물들이 있을까?

육안으로는 볼 수 없는 작은 생물을 미생물이라고 한다. 주요 미생물에는 세균, 균류, 바이러스가 있는데, 각각 어떤 특징을 갖고 있으며 어떤 역할을 하는지 알아보자.

엄청나게 작은 바이러스

미생물이란 '눈으로는 볼 수 없을 만큼 아주 작은 생물'을 뭉뚱그려 부르는 말로, 세균, 균류(곰팡이, 효모, 버섯), 바이러스 등이 미생물에 속한다. 우리가 흔히 볼 수 있는 현미경(광학현미경)의 확대 배율은 1,000배가 한계다. 이 이상은 확대를 해도 흐릿해지며, 세균의 경우 현미경을 사용해 1,000배로 확대하더라도 고작 몇 밀리미터 정도의 크기로만 보인다. 왜냐하면 세균의 크기는 1~5㎛밖에 되지 않기 때문이다.[1]

미생물의 크기 비교

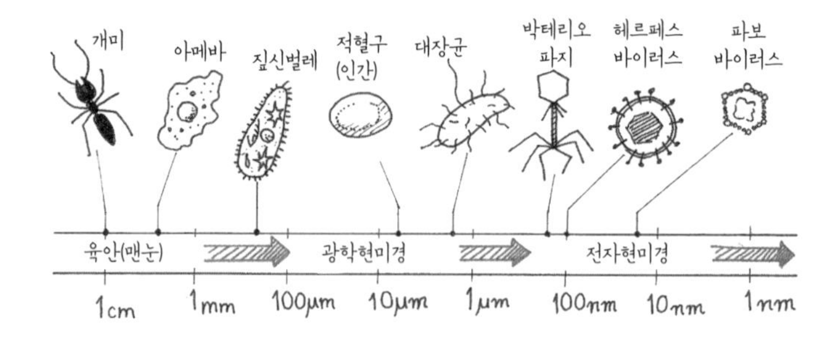

1 1㎛(마이크로미터)는 1mm(밀리미터)의 1,000분의 1이고, 1nm(나노미터)는 1mm의 100만분의 1이다. 예를 들어 포도상 구균이나 연쇄상 구균 등은 지름이 1㎛다.

중·고등학교에서 배우는 미생물

우리가 중학교와 고등학교 과학시간에 배우는 미생물에 대한 내용은 다음과 같다.

> 미생물은 생물 시체 등의 유기물(생물의 몸을 만드는 탄수화물, 지방 같은 탄소를 포함한 물질)을 양분으로 섭취해 분해하는 생물이다.

> 생태계에서는 광합성을 통해 양분을 만드는 식물 등이 생산자, 초식동물이나 육식동물이 소비자, 지렁이 등의 토양동물이나 균류, 세균류 등이 분해자의 역할을 한다.

> 균류는 곰팡이와 버섯 등의 부류로, 몸은 균사라는 실처럼 생긴 것으로 이루어져 있으며 포자를 이용해 수를 늘리는 것이 많다.

> 세균류는 유산균이나 대장균 등의 부류로, 매우 작은 단세포생물이며 분열을 통해 수를 늘린다. 세균류 중에는 결핵균처럼 감염병(병원성 세균 같은 병원체의 감염으로 일어나는 병)의 원인이 되는 것이 있다.

> 균류나 세균류 등의 미생물 중에는 인간에게 도움이 되는 일을 하는 것도 많다. 가령 빵이나 떠먹는 요구르트 등의 식품은 균류 또는 세균류가 유기물을 분해하는 활동을 이용해 만들어진다.

세균과 균류의 차이점

먼저 세균은 생김새가 단순하다. 공 모양(구균) 또는 막대 모양(간균)이 대부분이고 구불구불한 모양(나선균)도 있다. 또 세균은 한가운데

서부터 둘로 갈라져 완전히 똑같은 2개로 분리되는 '분열'을 통해 수를 늘린다. 세균의 세포는 균류보다 작고 중심에는 핵이 없다.

세균의 종류

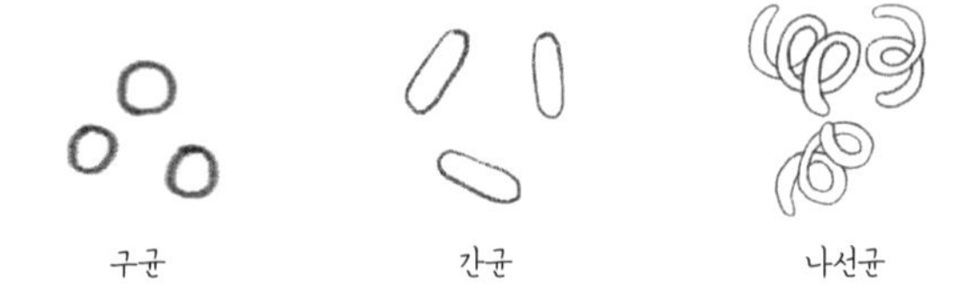

분열을 통해 수를 늘리는 세균

균류는 수를 늘리는 방법에서부터 세균과 차이가 있다. 예를 들어 균류에 속하는 곰팡이가 수를 늘리는 방법은 다음과 같다.

① 포자가 생육조건에 알맞은 장소에서 발아를 한다.

② 끝이 늘어나면서 균사를 만든다.

③ 균사가 그물코 모양으로 갈라져 나온다.

④ 갈라져 나온 균사(균체)의 끝에 포자를 만든다.

⑤ 포자가 날아간다.

곰팡이가 포자를 만드는 기관을 자실체라고 하는데, 균체와 자실체를 합쳐 곰팡이의 콜로니(집단)라고 한다. 곰팡이의 세포는 세균의 세포보다 복잡해 핵이나 미토콘드리아가 있고, 기본적으로는 동식물의 세포와 같다. 참고로 곰팡이와 버섯의 차이는 포자가 만들어지는 자실체가 육안으로 잘 보일 만큼 큰 것이 버섯이고, 육안으로 잘 보이지 않을 만큼 작은 것이 곰팡이다.

작고 단순한 바이러스의 구조

바이러스는 독립해서 살지 못한다. 단백질을 만드는 자신만의 공장을 갖고 있지 않기 때문에 살아 있는 세포 속에 들어가 그 숙주세포의 단백질을 만드는 공장을 이용해 살아간다. 구조도 아주 단순해서 유전자와 유전자를 감싸는 단백질로만 이루어져 있다.

바이러스는 세포의 구조를 갖고 있지 않으므로 생물이라고는 볼 수 없지만, 한편으로는 유전자를 갖고 있어 자손을 남길 수 있으므로 생물이라고 볼 수도 있는 신기한 존재다.

바이러스의 구조

02 곰팡이·효모·버섯의 차이점은 무엇일까?

곰팡이, 효모, 버섯은 미생물 중 크기가 큰 편으로, 셋 중에서는 버섯의 수가 압도적으로 많다. 곰팡이의 포자는 발아한 지 며칠 만에 사방으로 쑥쑥 자란다.

세균과 곰팡이·효모·버섯의 차이점

곰팡이, 효모, 버섯은 세균보다 크기가 상당히 크다. 세균 중에서 구균의 크기가 약 1μm인 것에 비해, 효모는 약 5μm(길이 5~8μm, 너비 4~6μm)나 된다. 또 곰팡이, 효모, 버섯의 세포에는 핵막(세포핵의 표면을 만드는 막)에 둘러싸인 핵과 미토콘드리아나 소포체[1]가 있지만, 세균의 세포에는 명확한 핵이 없고 일반적으로 염색체가 1개이며 미토콘드리아나 소포체도 없다. 세포의 구조를 보면 곰팡이, 효모, 버섯의 세포는 세균에 비해 인간의 세포에 훨씬 가깝다.

곰팡이나 버섯은 활발하게 활동하는 동물과는 분명히 다르므로 식물로 분류되던 시절도 있었다. 하지만 엽록체를 가지고 있지 않고 기생 생활을 하기 때문에 현재는 생물 분류상 균류에 속한다. 곰팡이, 효모, 버섯은 균류 중에서도 진균에 속한다.

---

1 세포질 속에 그물코 모양으로 펼쳐져 있는 막으로, 핵의 외막과 연결되어 있다. 아주 작기 때문에 광학현미경으로는 관찰할 수 없다.

유성생식과 무성생식

생물이 수를 늘리는 방법(생식 방법)에는 크게 유성생식과 무성생식 두 가지가 있다. 유성생식은 동물이나 식물의 경우 수정을 통해 생식하는 방법이고, 무성생식은 어미의 몸 일부가 독립해 새로운 개체를 만들어 생식하는 방법이다. 꺾꽂이나 싹꽂이, 알뿌리나 땅속줄기 등으로 동족을 늘리는 방법(영양생식)이 무성생식에 속한다. 이 방법은 어미와 똑같은 클론[2]을 만들어낸다.

유성생식과 무성생식 중 어느 쪽이 유리한가는 단정 지어 말할 수 없는 것이, 예를 들어 단기간에 동족을 늘려야 할 때는 무성생식이 압도적으로 유리하다. 번식에 필요한 상대를 찾지 않고도 계속해서 수를 늘릴 수 있기 때문이다. 하지만 유전자적으로 완전히 똑같은 집단이 되기 때문에 문제가 발생하면 개체수가 단숨에 줄어들 수도 있다. 한편, 유성생식은 여러 형태의 자손이 존재할 수 있으므로 다양한 환경에 적응이 가능하다. 종의 다양성이라는 관점에서 보면 당연히 유성생식이 유리하다고 할 수 있다. 그렇다고 해서 무성생식을 하는 종이 절멸한 것도 아니므로, 앞으로도 이 두 가지 생식 방법은 공존할 것이다.

세균은 분열을 통해 수를 늘리므로 무성생식이며 곰팡이, 효모, 버섯이 수를 늘리는 방법도 기본적으로는 무성생식이다. 다만 곰팡이, 효모, 버섯에는 성(性)의 구별이 있어 생육 환경에 따라 유성생식

2 영양생식으로 생겨난 식물의 자손을 가리키며 어미와 똑같은 DNA 배열을 가지고 있다.

도 가능하다. 일반적으로 환경이 생육에 적합할 때는 무성생식을 하고, 적합하지 않을 때는 유성생식을 한다. 우리가 일반적으로 보는 포자는 대부분 무성포자이고, 유성포자는 수포기와 암포기의 교배를 통해 만들어진다.

포자를 이용해 수를 늘리는 곰팡이와 버섯

곰팡이와 버섯은 일반적으로 포자를 이용해 수를 늘린다. 즉, 포자가 발아해 균사라는 가는 실 모양의 몸이 뻗어나감으로써 생식을 한다.

곰팡이의 일생

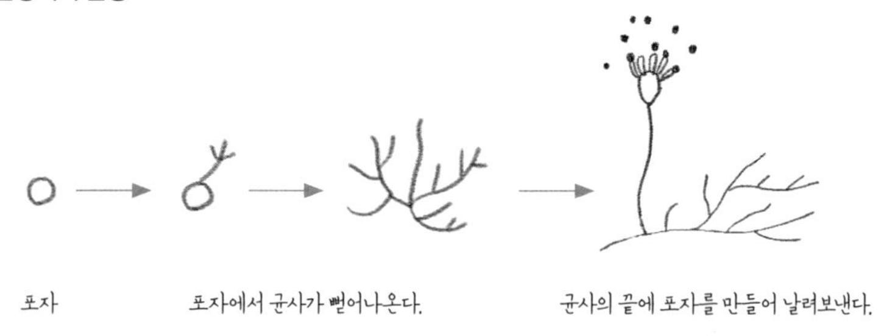

곰팡이와 버섯은 겉모습만 보면 완전히 다른 종류처럼 보이지만 포자를 만드는 장소로 버섯(자실체)을 만드느냐 만들지 않느냐의 차이가 있을 뿐, 몸이 균사로 이루어져 있는 같은 부류의 생물이다. 자실체를 만들 때 외에는 버섯 역시 곰팡이와 마찬가지로 그물코 모양의 균사가 몸체다. 또 버섯 중에는 매우 작은 것도 있기 때문에 어디까지를 곰팡이라고 불러야 할지 경계가 모호한 경우도 있다.

출아나 분열을 통해 수를 늘리는 효모

효모의 세포는 실처럼 연결되어 있지 않고 출아(出芽)나 분열을 통해 수를 늘리는데, 효모는 수가 늘어나면 흩어져 있던 세포가 모여 공 모양의 점성이 있는 덩어리가 된다.

효모 중에는 칸디다같이 생육 조건이 바뀌면 곰팡이처럼 실 모양으로 자라는 것도 있지만, 대부분은 발효 등 실용적인 측면이 많아 곰팡이와는 구별되고 있다.[3]

---

3 맥주, 청주, 포도주, 된장, 간장, 빵, 떠먹는 요구르트, 치즈 같은 발효 식품은 효모의 활동을 통해 만들어진다.

바이러스는 생물일까? 무생물일까?

바이러스는 아주 작지만 강력한 감염력을 지니고 있다. 세포의 구조는 갖고 있지 않지만 유전자를 가지고 있어 자손을 남길 수 있는 신기한 존재이기도 하다.

바이러스에는 세포의 구조가 없다?

우리 주위에는 감기나 인플루엔자 등 바이러스가 원인이 되어 발생하는 병이 많다. 병의 원인으로는 세균(박테리아)도 있지만, 세균은 세포의 구조를 가지고 있기 때문에 생물에 속한다. 하지만 바이러스에서는 세포의 구조를 찾아볼 수 없다.

바이러스는 단백질로 된 껍질에 내부는 유전 물질인 핵산(DNA 또는 RNA)으로 이루어져 있다. 세포의 구조를 가지고 있지 않다는 점, 혼자서는 증식하지 못한다는 점 때문에 비(非)생물로 인식되고 있지만, 유전 물질을 가지고 있고 세포를 감염시켜 그 세포의 대사 시스템을 이용하는 방법으로 동족 늘리기가 가능하기 때문에 바이러스를 미생물이라고 생각하는 연구자도 있다. 따라서 이 책에서는 바이러스를 미생물에 포함시켰다.

광학현미경으로 볼 수 없을 만큼 작은 바이러스

바이러스의 크기는 20~1,000nm다. 세균의 크기가 1~5μm라는 점을 생각하면 세균보다 훨씬 작다는 사실을 알 수 있다. 대부분의 바

이러스는 300nm 이하로 매우 작기 때문에 고배율의 전자현미경이 아니면 관찰할 수 없다.[1]

아름다운 모양의 바이러스

바이러스는 기본적으로 입자의 중심에 있는 바이러스 핵산과 이것을 둘러싸고 있는 캡시드라는 단백질 껍질로 이루어져 있다. 또 피막이라는 막 성분을 가진 바이러스도 있다.

대부분의 바이러스는 캡시드나 피막에 따라 규정되는 특이한 모양을 띤다. 가장 흔한 다면체형 캡시드는 정이십면체로, 정이십면체의 꼭짓점을 평평하게 깎아내면 축구공(깎은 정이십면체) 모양이 된다.

T4 파지라 이름 붙은 바이러스의 모양은 더 신기하다. 이십면체의 몸통에 다리 같은 것이 6개 달려 있다. 이 바이러스는 다리 부분으로 세포에 착지한 다음 이 다리를 움츠려 세포에 관을 꽂은 뒤 머릿속의 유전자를 주입시킨다.

T4 파지

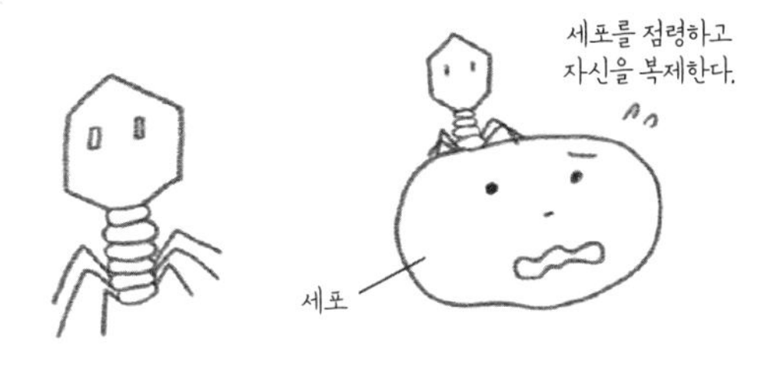

1 일본의 1,000엔짜리 지폐에 그려진 인물인 노구치 히데요는 1918년 황열병의 병원균(세균)을 발견했다고 발표한다. 그러나 이 발견은 훗날 증상이 비슷한 바일병의 병원균임이 밝혀졌다. 황열병의 원인은 바이러스로, 노구치 히데요는 세균설에 집착한 나머지 병원체를 오인한 것이다.

바이러스의 감염

우리 주위에 바이러스가 득실댄다고 해서 반드시 감염되는 것은 아니다. 감염은 바이러스가 세포에 흡착·침입해야 비로소 일어난다. 세포의 구조를 갖고 있지 않은 바이러스는 혼자서는 복제하지 못하기 때문에 증식을 하려면 다른 생물의 세포 속에 들어가야 하는데, 이것이 바로 바이러스의 감염이다.

바이러스는 입구를 통해 우리의 몸속으로 침입한다. 인체 표면의 피부, 호흡기, 감각기, 생식기, 항문, 요도 등이 그 입구다. 몸속에 침입한 바이러스는 즉시 증식을 시작해 혈액을 타고 온몸에 퍼진다. 바이러스마다 증식하기 편한 곳이 있는데, 그 장소에 도달하면 증식을 마구 시작한다.

바이러스가 증식하는 방법

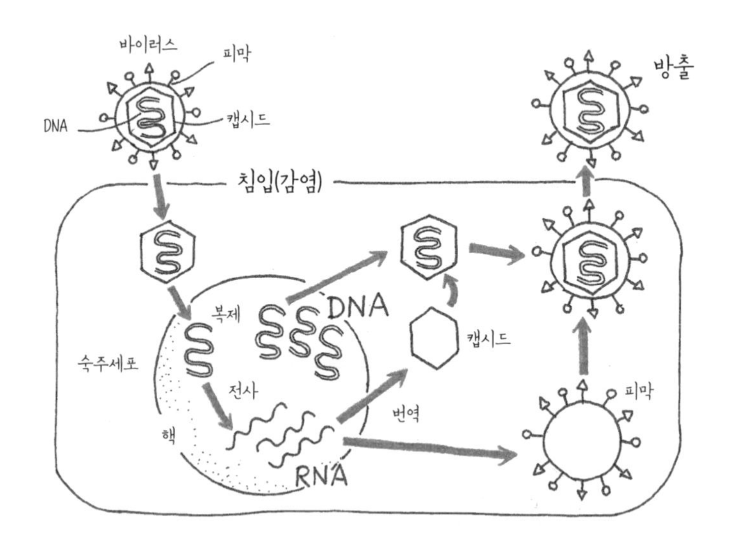

증식에 사용된 세포는 죽게 되고[2] 다량의 세포가 죽으면 조직이 큰 피해를 입기 때문에 우리가 병에 걸리는 것이다. 그리고 대량으로 복제된 바이러스는 세포 밖으로 날아가 새로운 세포를 다시금 찾아내 감염을 반복한다.

유익한 바이러스인 박테리오파지

바이러스 중에는 세균에 감염해 증식하는 바이러스도 있다. 이런 바이러스를 통틀어 박테리오파지(줄여서 파지)라고 한다. 박테리오파지는 '세균을 먹는 것'이라는 뜻의 그리스어다.

파지는 숙주(41쪽 참조)를 엄격히 선택하기 때문에 목적한 병원균만 죽일 수 있다. 항생 물질처럼 다제내성균(다양한 항생제에 대해 내성을 가지고 있는 세균-옮긴이)을 만들지 않기 때문에 파지를 이용해 병원균을 물리치는 항세균 약품의 개발이 진행되고 있다. 더불어 항생 물질로는 물리칠 수 없는 탄저균 등의 세균 병기를 무독화하기 위한 연구도 진행 중이다.

---

2 바이러스에 감염된 세포가 전부 죽는 것은 아니다. 예를 들어 감염된 세포를 암세포로 만드는 바이러스의 경우 숙주세포는 죽지 않는다.

미생물을 처음 발견한 사람은 일반인이다?

미생물의 세계를 처음 발견한 사람은 과학자가 아니다. 과연 어떤 직업을 가진 사람이 이토록 작고 미세한 미생물을 처음 발견했는지 알아보자.

직물업에 종사하던 일반인

17세기 네덜란드에서 직물 가게를 운영하던 20대의 안톤 판 레이우엔훅은 렌즈를 이용해 섬유의 품질을 관리하던 중 유리구슬을 사용한 현미경을 만들었다. 오늘날처럼 여러 개의 렌즈를 조합하는 것이 아니라, 단 1개의 렌즈로 다양한 세계를 들여다봤던 것이다. 물론 레이우엔훅 이전에도 같은 관찰을 한 사람은 있었겠지만, 그가 만든 현미경의 렌즈는 배율이 무려 250배나 되는 우수한 렌즈였다.

물속을 관찰하던 중 발견된 미생물

평소 주위의 사물을 열심히 관찰하던 레이우엔훅은 어느 날 호수의 물을 관찰하던 중 그 안에서 움직이는 무엇가를 발견하게 된다. 아마도 플랑크톤의 일종이었을 것이다. 여러 물질에서 금이나 은을 만들어내려는 연금술이 성행하던 시대였음을 생각하면, 이는 매우 큰 발견이었으며 최초로 미생물을 발견한 사건이었다.

레이우엔훅은 그 밖에 혈액을 관찰해 혈구를 발견했으며 정자를 발견하기도 했고, 심지어 침 속에 들어 있는 입속 세균까지 발견했다. 그는 이런 수많은 관찰 결과를 기록으로 남겼고, 오늘날에는 미생물학의 아버지라 불리기도 한다.

안톤 판 레이우엔훅

미생물학의 비약적인 발전

레이우엔훅의 발견으로 우리 주위에 미생물이 존재한다는 사실은 알게 되었지만, 학문으로서 미생물이 주목받게 된 것은 그보다 훨씬 뒤인 19세기 후반이다. 그리고 이와 관련해 큰 공적을 남긴 인물 중 한 사람이 바로 프랑스의 미생물학자인 루이 파스퇴르다. 당시 사람들은 생물은 어미 등이 없어도 무생물에서 자연스럽게 발생한다는 '자연발생설'을 믿었지만, 파스퇴르가 그 유명한 백조목 플라스크 실험을 통해 자연발생설이 틀렸음을 보여주었다.

루이 파스퇴르

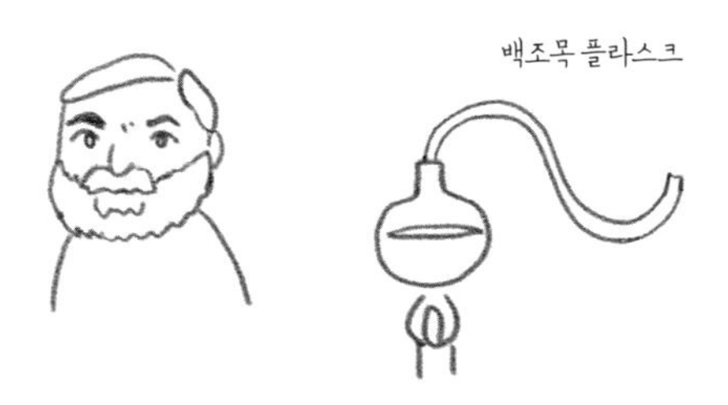

백조목 플라스크 실험은 플라스크 안에 유기물이 들어 있는 수용액을 넣은 뒤 주둥이 부분을 백조의 목처럼 길게 늘여 구부렸을 때는 미생물이 발생하지 않았지만, 플라스크의 목을 부러트렸더니 순식간에 미생물이 발생해 수용액을 부패시켰다는 실험이다.

미생물과 관련해 큰 공적을 남긴 또 다른 인물은 독일의 미생물학자인 로베르트 코흐다. 그는 당시 목숨을 잃을 수도 있는 큰 병이었던 결핵의 원인이 결핵균임을 발견했고, 이 결핵균이 전염된다는 사실도 밝혀낸 인물이다.

로베르트 코흐

처음 현미경을 통해 미생물의 존재를 발견한 레이우엔훅이 없었다면, 파스퇴르와 코흐는 후대에 이토록 뛰어난 활약을 할 수 없었을 것이다.

05

생물의 조상인 진핵생물과 원핵생물은 무엇일까?

미생물 중에는 몸이 1개의 세포로만 구성된 단세포생물이 있다. 단세포생물은 운동을 하거나, 음식물을 소화하거나, 동족을 늘려나가는 등의 모든 행위를 단 1개의 세포가 담당한다.

2계설과 5계설

과거에는 생물을 동물과 식물 두 종류로 분류했다. 움직이고 먹이를 먹는 생물은 동물로, 동물 외에는 전부 식물로 나누는 방식이다. 이처럼 동물계와 식물계 두 가지로 나뉜다고 해서 이를 2계설이라고 한다. 20세기 중반까지만 해도 대다수가 이렇게 생각했다.

현재는 '① 먹이를 먹는 동물계, ② 광합성을 하는 식물계, ③ 영양분을 흡수하며 살아가는 곰팡이나 버섯 등의 균계, ④ 단세포생물이며 핵막으로 둘러싸인 핵이 있는 유글레나, 아메바, 조류(藻類) 등의 원생생물계, ⑤ 핵막을 가지고 있지 않은 세균이나 남조 세균(시아노박테리아) 등의 원핵생물계'로 나뉘는 5계설이 주류다.

지구상 생물의 조상인 원핵생물

지구상에 생물이 등장하고 약 30억 년이라는 세월이 흐를 때까지 생물은 전부 단세포생물이었다. 그리고 지구상에 처음 나타난 단세포생물의 세포 구조는 인간의 세포와는 달랐다. 유전 물질인 DNA를 담고 있는 핵이 없어 DNA가 세포 속에 그대로 드러나 있었으며, 이런 세포를 원핵세포라고 한다. 한편, 인간의 세포에 있는 핵은 핵막이라는 막에 둘러싸인 채로 존재하는데, 이런 세포를 진핵세포라고 한다.

원핵세포를 가진 생물은 현재도 과거의 단순한 구조를 그대로 지닌 채 살고 있다. 이 책에 종종 등장하는 유산균이 바로 원핵생물 중 하나다. 그 밖에 폐렴의 원인이 되는 폐렴 구균이나 폐렴 간균, 시아노박테리아 등도 원핵생물이다. 생육 한계온도가 높은 호열균이나 초호열균같이 가혹한 환경에 살고 있는 것도 있는데, 이 중에는 200℃에 가까운 환경에서 살 수 있는 원핵생물도 있다.

원핵생물의 구조

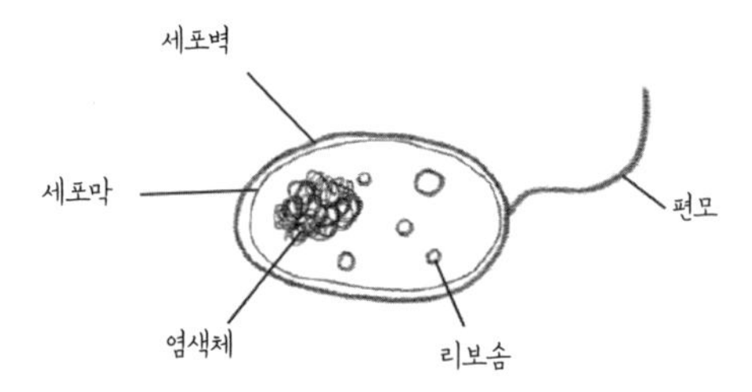

진핵생물의 구조

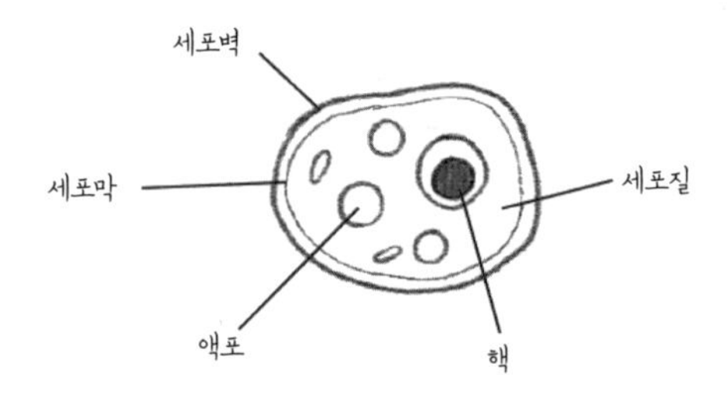

진핵생물의 탄생

지금으로부터 약 21억 년 전, 원핵생물의 세포 속에 또 다른 원핵생물이 들어가 염색체를 감싸서 핵막에 싸인 핵이 만들어져 진핵세포가 탄생한 것으로 보고 있다. 즉, 원시의 호기성 세균이 들어와 미토콘드리아가, 원시의 시아노박테리아가 들어와 엽록체가 된 것이다.

원핵생물에서 진핵생물로 변화

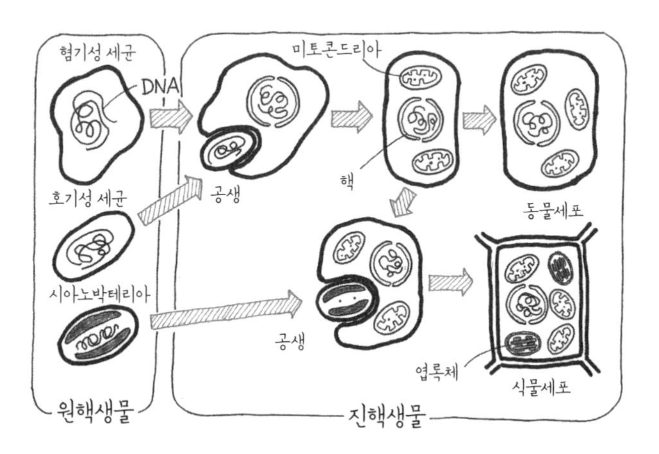

이처럼 우리의 조상을 거슬러 올라가면 약 21억 년 전의 진핵생물과 그보다 이전의 원핵생물에 도달한다.

06
인간은 미생물과 공생하고 있다?

미생물은 지구상의 모든 곳에 존재한다고 해도 과언이 아니다. 우리의 몸이나 우리가 사는 집에도 수많은 종류와 수의 미생물이 존재하며 우리와 함께 살고 있다.

다양한 곳에 살고 있는 세균

세균은 인간이나 동물의 몸, 토양, 물속, 먼지 같은 우리와 가까운 곳부터 8,000m 상공의 대기권, 수심 1만m 이상의 해저, 남극의 빙하, 열수광상같이 동식물이 살기에 적합하지 않은 곳에 이르기까지 널리 존재한다.

세균은 현재까지 알려진 것만 해도 7,000종에 이르며, 아직 발견되지 않은 종을 포함하면 100만 종 이상이 존재하는 것으로 보여진다. 또 세균은 크게 세 가지로 나눌 수 있는데, 산소가 없으면 수를 늘리지 못하는 호기성균(산소 호흡을 하는 세균), 산소가 있으면 수를 늘리지 못하는 혐기성균, 산소의 유무와 상관없이 수를 늘릴 수 있는 통성 혐기성균이 있다.

자연계에 널리 분포하는 곰팡이·효모·버섯

현재 알려진 곰팡이, 효모, 버섯은 총 9만 1,000종이나 되지만, 그 10~20배나 되는 미지의 종이 존재하는 것으로 추정된다. 대부분은 토양 속이나 물속, 동물의 시체 등 자연계에 널리 분포하고 있다.

곰팡이의 포자는 지구의 극지부터 적도까지 온갖 장소의 공기 속을 떠돌고 있다.

우리 주위에 득실대는 바이러스

바이러스는 생물의 세포에 기생해 생존한다. 바이러스가 기생한 세포를 호스트(숙주)라고 하고, 숙주에 기생한 바이러스를 게스트라고 한다.

바이러스는 동물, 식물, 세균, 균류, 세포로 구성된 것이라면 무엇에나 기생한다. 인간에게도 기생해 감기, 인플루엔자, 볼거리, 인두결막열, 홍역, 수족구병, 감염성 홍반, 풍진, 헤르페스 등의 병을 유발한다. 현재 확인된 바이러스는 아종까지 포함해 5,000만 종 이상이며, 이 중 수백 종이 인간에게 병을 가져다준다.

미생물의 수

우리 주위에는 대체 얼마나 많은 수의 미생물이 존재할까? 가령 세균만 해도 논에 있는 흙 1g에 수십억 개, 강물 1mL에 수백만 개, 연안의 바닷물 1mL에 수십만 개나 되는 미생물이 존재한다. 귀이개로 떠낸 진흙 속에도 약 1,000만 개, 한 방울의 바닷물 속에도 약 1만 개나 되는 미생물이 살고 있다는 계산이 나온다.

일본의 한 생활용품 제조 기업의 조사에 따르면, 거실 먼지 1g 속에 약 260억 개나 되는 세균이 들어 있다고 한다. 또 미국 콜로라도대학교의 한 연구자가 실시한 조사에서는 일반 가정의 먼지 속에 약 9,000종이나 되는 세균과 균류 등이 살고 있다는 결과가 나왔다(『ZME science』, 2015). 이 조사에 협력한 1,200세대가 넘는 가정은 저마다 평소에 잘 청소하지 않는 곳의 먼지를 채집해 기타 상황(연령이나 인원수 등의 구성, 생활 습관, 애완동물 유무 등) 자료와 함께 연구자에게 보냈는데, 그 결과 다음과 같은 사실이 밝혀졌다.

> 평균적인 미국 가정에는 약 9,000종이 넘는 세균과 균류가 존재하며 대부분은 무해한 것들이었다.

> 여성이나 남성만 사는 가정에서는 명확히 알 수 있는 세균이 발견되었다. 여성은 남성보다 몇몇 유형의 세균이 더 많았으며, 남성도 여성보다 몇몇 유형의 세균이 더 많았다.

> 개나 고양이를 키우는 가정에서는 세균과 균류의 종류나 수가 달랐다. 연구자는 그 가정에 개나 고양이가 살고 있는지 아닌지를 각각 92%와 83%의 정확도로 판단할 수 있었다.

더불어 연구자는 '자신의 집에 미생물에 많다고 해서 걱정할 필요는 없습니다. 우리 주위를 비롯해 피부 등에 살고 있는 미생물의 대부분은 우리에게 전혀 해를 끼치지 않습니다'라고 덧붙였다.

07 생명은 어떻게 탄생했을까?

지구는 약 46억 년 전에, 생명은 약 40억 년 전에 탄생했다. 첫 번째 생명이 탄생한 이래 약 30억 년 동안 지구는 단세포생물만이 사는 별이었다.

최초의 생물이 탄생한 곳

19세기 후반 루이 파스퇴르는 '어떤 생물이든 어미가 있어야만 태어날 수 있다. 자연발생은 절대로 있을 수 없다'라는 사실을 증명했다. 이 사실이 증명되기 전까지 사람들(과학자 포함)은 특정 미생물은 흙, 물, 수프 등에서 자연발생이 가능하다고 믿어왔는데, 파스퇴르에 의해 이 자연발생설이 부정된 것이다. 그러자 이번에는 '그렇다면 최초의 생물은 어떻게 탄생했을까?'라는 질문이 화두가 되었다.

이와 관련해 1920년대 당시 소련의 생화학자인 알렉산드르 오파린은 한 가지 설을 제창했다. 원시 지구의 바다는 유기물이 녹아 있는 '원시 수프'와 같은 상태였고, 유기물이 이 수프 속에서 반응을 거듭하며 서서히 복잡해져 다른 유기물과 상호 작용하는 조직으로 진화한 끝에 생명이 되었다는 것이다. 이를 생명 기원의 '화학진화설'이라고 한다.

하지만 단백질이나 핵산(DNA 또는 RNA)의 부품이 만들어졌다 해도 여기에서 어떻게 생명체가 탄생했는지는 아직 수수께끼로 남아 있으며, 오늘날에도 여전히 과학자들의 탐구는 계속되고 있다.

40억 년 전 생물의 탄생

그린란드의 이수아라는 지역에는 지금으로부터 약 38억 년 전에 형성된 암석이 대규모로 노출되어 있는데, 이곳에서 생물의 흔적을 보여주는 화학적 증거가 발견되었다. 또 오스트레일리아 서부 지역에서는 생물의 형태가 남은 약 35억 년 전의 화석이 발견되었는데, 현미경으로만 관찰할 수 있는 작은 세균으로 보이는 미화석(微化石)으로, 현재로서는 제일 신뢰할 수 있는 가장 오래된 화석이다.

이런 사실들을 통해 지구상에 생물이 등장한 시기는 그보다 이전인 약 40억 년 전으로 여겨지고 있으며, 약 40억 년 전 지구상에 처음 등장한 생물은 단세포생물로 그 구조는 단순했다.

광합성을 하는 시아노박테리아의 등장

그 뒤 미생물은 오랜 세월에 걸쳐 진화를 거듭했다. 그리고 약 27억 년 전, 지구의 환경을 크게 바꾸어놓을 미생물이 등장하는데, 바로 광합성을 하는 시아노박테리아라는 미생물이다. 시아노박테리아는 오늘날의 육상식물과 마찬가지로 빛을 사용해 이산화탄소와 물로부터 유기물을 만들어내는 생물(광합성생물)로, 광합성의 결과로 산소를 방출한다.

시아노박테리아는 몇 억 년이라는 세월 동안 산소 방울을 방출했고, 마침내 지구상의 대기 성분을 바꾸어놓았다. 이로 인해 대기의 주성분은 질소와 산소가 되었다.

다세포생물의 등장

지금으로부터 약 10억 년 전, 복수의 세포로 구성된 다세포생물이 등장했다. 다시 말해, 약 30억 년이라는 세월 동안 지구상의 생물은 바다 속에서 단세포생물, 즉 미생물로 살았던 것이다.

생물이 육지로 진출한 때는 지금으로부터 약 4억 5,000만 년 전이다. 오랫동안 육지는 수성이나 금성, 달처럼 바위와 모래로 뒤덮인 황량한 '죽음의 세계'였다.

그렇다면 생물은 왜 이토록 오랫동안 육지로 진출하지 못했을까? 그 이유 중 하나는 햇빛에 포함된 강렬한 자외선 때문이다. 자외선은 생물이 지니고 있는 유전자를 파괴하는데, 유전자가 파괴된 생물은 더 이상 살아갈 수 없기 때문이다. 물속에서 광합성을 한 시아노박테리아가 만들어낸 산소의 일부가 대기의 상공에서 오존으로 바뀌어 태양으로부터 방사되는 대량의 자외선을 충분히 흡수할 수 있을 만큼의 두께를 가진 오존층이 만들어지기 전까지 육지는 생물에게 무서운 죽음의 세계였다.

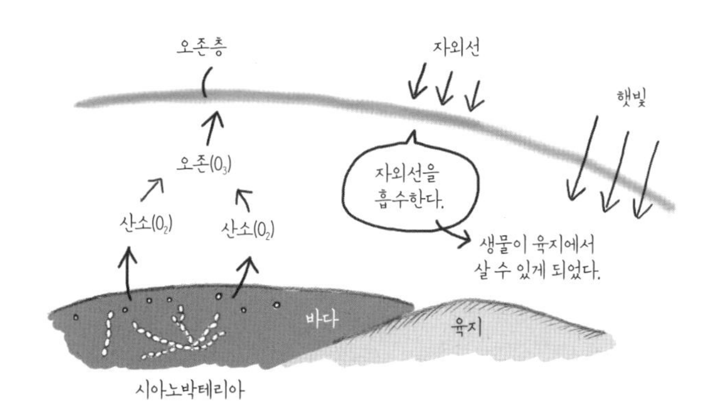

PART 2

상재균은 인간과 함께 살고 있다

05

우리의 몸에 있는 상재균이란 무엇일까?

어머니 배 속에 있을 때의 우리는 무균 상태였다. 그리고 태어난 순간부터 우리는 균으로 뒤덮여 함께 살아가게 된다. 특히 피부나 소화관 속에는 다양한 세균과 곰팡이가 정착해 살아간다.

인간과 세균의 만남

인간이 세균과 처음 만나는 시기는 이 세상에 태어날 때로, 어머니의 산도(產道)를 지날 때 그곳에 있던 세균과 접촉해 처음 감염이 된다.[1] 이후 성장하는 과정에서 외부 세계의 균을 차례로 받아들이면서 수많은 종류와 수의 상재균과 함께 살아가게 된다.

우리 몸은 세균과 곰팡이투성이다?

우리 몸에 존재하는 세균이나 곰팡이를 상재균이라고 한다. 균의 종류나 수는 몸의 부위에 따라 크게 다르지만, 각 부위에는 거의 정해진 종류의 상재균이 분포한다. 가장 많은 종류가 있는 곳은 대장을 중심으로 한 소화관 내부로, 60~100종류에 약 100조 개가 있다고 알려져 있다. 또 입속에는 약 100억 개, 피부에는 약 1조 개가 있다. 어떤 균이 얼마나 있는지는 개인, 나이, 상황에 따라 다르다.

---

1 출산 도중 산모의 상재균 일부가 아기의 입, 코, 항문에 붙는다. 산도에서 아기가 얼굴을 내밀면 바로 옆에 어머니의 엉덩이와 대변이 있기 때문에 여기에 있는 장내 세균을 아기가 입으로 들이마시기도 한다. 또 아기는 분만실의 의사, 간호사, 입회인 등이 뀐 방귀와 함께 공기 속에 떠돌고 있는 그들의 장내 세균 역시 들이마시게 된다.

상재균이 하는 일

일반적으로 상재균은 숙주에게 해를 끼치지 않고 숙주와 공생(다른 종류의 생물이 상대의 부족한 점을 메우면서 생활하는 관계)하면서, 숙주가 섭취하는 음식물이나 배설하는 분비물 등을 영양분 삼아 성장한다. 이 중에는 숙주에게 필요한 비타민을 만들어 제공하는 상재균도 있다. 또 상재균은 외부에서 몸속으로 들어오는 균, 특히 병원균의 감염을 막고 숙주의 감염 저항성과 면역 기능을 증강시키는 효과도 있는 것으로 알려져 있다. 이처럼 상재균은 기본적으로 우리 인간에게 이로운 존재다.

하지만 암 말기 등이 되어 숙주의 저항력이 약해지면 상재균이 감염병을 일으킬 때도 있으며, 상재균이 늘 있는 부위에서 다른 부위로 섞여 들어가면 감염병이 발생하기도 한다.

09 왜 1세 미만의 영아에게는 벌꿀을 먹이지 말아야 할까?

'갓 태어난 아기에게 벌꿀을 주면 안 된다'라는 말을 들어 본 적 있을 것이다. 이는 우리 몸에 있는 상재균이 우리에게 이로운 일을 하는 사례 중 하나다.

벌꿀 제품에 적혀 있는 주의 사항

시중에서 판매되는 벌꿀에는 '1세 미만의 영아에게 벌꿀을 먹이지 마십시오'라는 주의 사항이 적혀 있다. 이런 주의 사항이 적히게 된 계기는 1976년 미국에서 발생한 영아 보툴리누스 중독증이라는 식중독 때문이다. 정상적으로 태어난 건강한 아기가 갑자기 기운을 잃고 울음소리도 작아졌을 뿐 아니라 젖을 빠는 힘도 약해지고 변비 증상을 보인 것이다. 심지어 근력이 저하되는 증상이 나타나기도 했다. 그래서 이 증상들에 대해 조사를 실시했더니 아기의 대변에서 보툴리누스균과 보툴리누스균의 독소가 발견되었고, 벌꿀이 영아 보툴리누스 중독증의 원인이었음이 밝혀졌다.

벌꿀에 들어 있던 아포

토양 세균인 보툴리누스균은 아포의 상태로 자연계에 폭넓게 분포하는 균으로, 벌이 꿀을 모을 때 이 보툴리누스균의 아포도 함께 가져가 벌꿀에 포함된다. 아포는 세균 주위의 환경이 악화되었을 때

내구성이 높은 세포의 구조가 되어 휴면에 들어가는데, 벌꿀의 경우 과당과 포도당의 농도가 높아(수분은 20% 정도, 나머지 대부분은 당분) 세균이 증식하지 못하는 환경이 되므로 아포는 발아하지 못한 채 휴면 상태로 있게 된다.[1]

상재균이 발달하지 못한 영아

생후 8개월이 지난 아기는 벌꿀에 보툴리누스균의 아포가 들어 있어도 중독이 발생하지 않는다. 다른 농산물을 통해 아포를 섭취하더라도 역시 중독은 일어나지 않는다. 성인의 경우 보툴리누스균의 아포가 포함된 벌꿀을 섭취하면 입속, 식도, 위장 등에서 휴면 상태가 풀리면서 아포가 증식을 시도한다. 하지만 위에서는 위산 때문에 살균되어버리고, 소장에서 대장으로 이동해도 대장의 장내 세균에 의해 죽고 만다.

그런데 영아의 경우 위산을 통한 살균 능력이 약하고, 장내 세균도 발달하지 못한 탓에 보툴리누스균이 대장에서 증식해 독소를 만들어낸다. 처음에는 변비 증상을 보이고 이어서 식중독 증상이 나타난다. 다만 생후 8개월이 지난 아기는 장내 세균의 분포가 성인과 똑같아지고, 이 장내 세균이 보툴리누스균 아포의 발아나 증식을 억제한다. 따라서 1세 미만의 영아를 제외하고는 벌꿀을 먹어도 보툴리누스균이 원인이 된 식중독을 걱정할 필요 없다.

---

1 보툴리누스균에 감염된 식품이 충분히 가열되지 않은 채 진공 팩이나 통조림 등에 담기면 아포가 남아 있다가 혐기 상태(산소가 없는 상태)에서 발아·증식함으로써 식품 속에 다량의 독소를 배출해 중독을 일으키는 경우가 있다.

10

여드름은 왜 생길까?

여드름은 사춘기에 피지의 분비가 왕성해져 발생하며 모공에 사는 아크네균이 증식해 염증을 일으키면 증상이 악화된다. 여드름은 나중에 자국이 남지 않도록 조기에 치료하는 것이 중요하다.

여드름의 원인인 아크네균

많은 사람이 10대 시절 여드름을 경험하는데, 이 여드름의 원인이 바로 모공에 사는 아크네균이라는 상재균이다. 여드름은 사춘기에 남성 호르몬의 작용으로 피지의 분비가 왕성해지고, 비정상적인 각화(피부의 세포가 분화해서 표피의 각질층을 만드는 것)로 인해 모공이 막힘에 따라 면포라는 발진이 생겨 발생한다. 하얗게 부풀어 오르는 흰 여드름과 모공이 막혀 끝이 검어지는 검은 여드름이 있다. 모공 속에서 아크네균이 증식해 염증을 일으키면 붉은 여드름이 되어 고름이 차는 경우도 있으며, 염증이 더욱 악화되면 낭종(속에 고체가 가득 차 있는 주머니 같은 것)이나 결절이 생기기도 한다. 염증이 치료된 뒤 홍반이나 색소 침착을 거쳐 치유되거나 반흔이나 켈로이드(흉터가 부풀어 오르는 것)가 남기도 한다.

여드름의 발병과 진행

미세하고 작은 여드름	비염증성 여드름	염증성 여드름 (홍색 구진)	염증성 여드름 (농포)	낭종 / 결절
현미경으로만 관찰 가능	흰 여드름, 검은 여드름	붉은 여드름	고름이 들어 있는 여드름	반흔

조기 치료가 중요한 여드름

여드름은 보통 13세 전후로 나타나며 10대 후반에 증상이 가장 심하고 20세 전후가 되면 진정된다. 여드름은 일단 악화되면 흉터가 남거나 치료가 어려워지므로 피부과를 방문해 조기에 치료를 받아야 한다.

과거 외용 항균제가 등장하기 전까지는 증상이 가벼운 여드름의 경우 약효가 있는 약이 없었기 때문에 증상이 악화된 뒤 병원을 찾아 진찰을 받는 것이 일반적이었다. 하지만 2000년대에 들어 여드름 치료약인 아다팔렌이 등장하면서 상황이 바뀌었다. 염증을 일으키지 않은 여드름이나 여드름이 되기 전 상태에서도 치료가 가능해진 것이다.

또한 과거 염증성 여드름의 치료 과정에서는 아크네균이 약물에 대한 내성을 갖는 일이 종종 있었는데, 아다팔렌은 내성균을 만들지 않는다. 시간이 흘러 내성균을 만들지 않는 과산화벤조일과 클린다마이신(항균제)의 배합제가 추가로 등장하면서 약을 이용한 효과적인 여드름 치료가 가능해졌다. 현재는 여드름의 증상이 가벼울 때 적극적으로 치료하기를 장려한다.

여드름 치료 과정의 변천

여드름이 악화되면 피부과 방문 → 여드름이 생기면 피부과 방문

아다팔렌은 피부 표면의 세포(표피세포)에 결합해 모공의 각화 이상을 치료하고, 과산화벤조일은 강력한 산화제로, 활성산소를 생성시켜 아크네균을 물리친다.[1]

출처 : 하야시 노부카즈 『여드름의 발병 메커니즘, 치료, 예방』 일본향료화장품학회지, Vol.40, No.1, pp.12~19(2016) 일부 수정

---

1 활성산소는 프리 래디컬 또는 유리기라고도 하며 홀전자(원자나 분자의 가장 바깥쪽 궤도에 있는 2개씩 쌍을 이루고 있지 않은 전자)를 가진 원자나 분자, 이온 등을 가리킨다.

11 우리 몸에서는 왜 냄새가 날까?

땀 냄새, 발 냄새, 노인 냄새 같은 몸에서 나는 냄새는 미생물과 관련이 있다. 미생물이 냄새를 발생시키는 메커니즘에 대해 알아보자.

땀에서는 원래 냄새가 나지 않는다?

땀 냄새가 남자의 매력처럼 여겨지던 시절도 있었지만, 이제 인간의 몸에서 나는 냄새는 어디서도 환영받지 못하는 존재가 되었다. 그렇다면 이런 땀 냄새의 근원은 무엇일가? 땀 자체라고 생각하는 사람도 있는데, 실제는 그렇지 않다.

입술과 생식기의 일부를 제외한 우리 몸에는 땀샘이라는 땀을 내는 작은 기관이 분포한다. 운동을 했을 때나 사우나에 들어갔을 때 흘리는 땀은 땀샘 중 하나인 에크린샘에서 분비되는 것으로, 99%가 물로 이루어져 있다. 물 외에 염분, 단백질, 젖산이 포함되어 있지만 아주 조금밖에 들어 있지 않으므로 땀에서는 냄새가 나지 않는 것이 맞다. 또 우리는 이 땀을 통해 체온을 조절한다.

땀을 흘린 뒤 시간이 지나면 미량이었던 땀 속 단백질이나 젖산이 피부 상재균에 의해 발효되어 시큼한 냄새를 발생시킨다. 그리고 옷에 묻은 땀에는 피부 상재균뿐 아니라 다른 균도 증식해 이윽고 고약한 냄새를 풍기게 된다.

암내는 전 세계적으로 보편적인 증상이다?

땀샘의 종류에는 에크린샘 외에 아포크린샘도 있다. 아포크린샘은 사춘기를 지나면서 겨드랑이, 고간, 유두, 외이도 등에서 발달한다. 포유류는 아포크린샘을 많은 부위에 갖고 있지만, 인간의 경우 중요한 부위에만 남아 있다.

구분	에크린샘	아포크린샘
부위	거의 온몸의 표피	겨드랑이, 고간, 유두, 외이도
냄새	없음	거의 없음
색	무색	유백색

아포크린샘에서 분비되는 땀은 소량이며 지방이나 단백질을 포함한 유백색의 조금 끈적끈적한 액체다. 갓 분비된 땀은 냄새가 나지 않지만, 이 땀에는 지방분이 들어 있는데다 농도가 진해 땀이 배출되는 부근의 세균에 의해 분해되면서 특유의 고약한 냄새를 풍긴다.

이처럼 겨드랑이의 아포크린샘에서 잔뜩 분비된 땀으로 인해 심한 냄새를 풍기는 것을 액취증이라고 한다. 흔히 이 냄새를 암내라고 부른다. 본래는 이성을 유혹하거나 영역을 주장할 때 활용했을 것으로 예상되는데, 그 이유는 전 세계적으로 액취증을 가지고 있는 사람이 압도적 다수를 차지하고 있기 때문이다. 예외적으로 한국인, 중국인, 일본인 등의 동아시아인 중 액취증을 갖고 있는 사람이 5~20%밖에 되지 않아, 이 지역에서는 액취증이 건강적인 문제로 인식된다. 하지만 전 세계적으로는 결코 이상한 증상이 아니다.

발 냄새가 나는 이유

발에는 땀샘이 밀집해 있어 하루에 200mL나 되는 많은 땀이 배출되지만, 발에 있는 땀샘은 에크린샘이기 때문에 이곳에서 분비되는 땀은 원래 냄새가 나지 않는다. 하지만 발은 양말이나 신발에 감싸져 있고, 특히 발가락 사이의 따뜻하고 습한 환경은 세균이 살기에 이상적이다. 또 발은 온몸의 체중을 지탱하는 역할을 하기 때문에 발바닥에는 우리 몸에서 가장 두꺼운 각질층이 형성되어 있다. 각질은 죽은 세포가 된 뒤 때가 되어서 몸에서 떨어져 나간다. 각질층이 두꺼운 발바닥은 그만큼 때의 양도 많다.

발에 있는 피부 상재균은 땀의 성분뿐 아니라 죽은 피부세포, 즉 때를 먹고 증식하는데, 이때 발생하는 분해 생성물이 고약한 냄새를 풍긴다. 발에서 냄새가 나지 않도록 때를 벅벅 밀면 좋다고 생각할 수 있지만 이는 잘못된 생각이다. 피부 표면의 죽은 피부세포는 가볍게 씻어내는 것으로도 충분하다. 벅벅 밀면 아직 벗겨지지 않을 표피까지 손상될 수 있다.

다시 말해, 발에서 냄새가 나는 이유는 양말이나 신발로 인해 발이 세균이 살기 좋은 환경이 되기 때문이다. 따라서 양말과 신발을 항상 청결한 상태로 유지하는 것이 중요하다. 평소 신발은 잘 건조(신발에 뭉친 신문지를 넣어 습기를 없애는 방법 등)시켜 보관하며, 같은 신발을 계속해서 신지 말고 때로는 통풍이 잘되는 곳에서 건조시키는 것이 좋다. 신발에서 나는 냄새가 심할 경우 냄새 제거 스프레이나 땀 흡수 깔창 등을 활용할 수 있다. 그리고 양말은 매일 갈아 신도록 한다.

노인 냄새가 나는 이유

노인 냄새란 중노년 특유의 누릿한 냄새를 말한다. 이 냄새를 내는 물질은 피지 속 지방산이 산화 또는 피부 상재균에 의해 분해되어 발생하는 노넨알데하이드다. 남녀를 불문하고 40세를 넘길 무렵부터 양이 늘어나고, 남성에 비해 피지의 양이 적은 여성도 결코 안심할 수 없다. 특히 피지의 양이 늘어나는 더운 계절에는 주의가 필요하다.

노인 냄새가 많이 풍기는 부위는 피지의 분비량이 많은 두부(頭部), 목 뒤, 귀 주변, 가슴, 등, 겨드랑이 등이다. 노인 냄새를 없애기 위해서는 샤워나 목욕을 통해 여분의 피지나 땀을 씻어내고 청결을 유지하는 것이 최선이며, 평소 피지나 땀을 자주 닦아내고 신경이 쓰인다면 냄새 제거제 사용을 추천한다.

12

너무 깨끗하게 씻으면 오히려 피부 미용에 좋지 않다?

촉촉하고 윤기가 흐르는 피부는 피부 상재균 덕분이다. 피부의 표면을 약산성으로 유지시켜 알칼리성을 좋아하는 병원균의 증식과 침입을 막는다.

너무 깨끗하게 씻으면 안 된다?

피부를 위해서라며 세안제나 바디워시를 사용해 얼굴이나 몸을 열심히 씻고 있지는 않은가? 사실 이런 행동은 피부에 좋은 영향을 끼치지 않는다. 피부 표면에는 피부를 유지시키는 상재균이 있는데, 너무 깨끗하게 씻으면 이 상재균까지 씻어버리기 때문이다.

보통은 모공 속에 남아 있던 상재균은 금세 다시 불어나기 시작해 반나절 정도면 원래 상태로 돌아가지만, 세안제를 사용해 얼굴을 씻으면 살갗이 알칼리성이 되어 피부가 거칠어지는 원인이 된다. 세안제는 상재균뿐 아니라 아직 떨어지기에 이른 각질세포까지 씻어버리기 때문에 피부가 극도로 건조해져 표피 포도상 구균[1]이 살기 어려운 환경이 된다. 따라서 피부 상재균을 위해 얼굴을 너무 깨끗하게 씻지 않도록 한다.

---

1 표피 포도상 구균은 피부에 윤기가 나도록 하는 글리세린 관련 물질을 분비하고 피부를 거칠게 만들거나 아토피성 피부염을 일으키는 황색 포도상 구균을 퇴치하는 항균 펩타이드를 생성하는 등 피부를 보호하는 중요한 역할을 한다.

피부에 이로운 피부 관리법

얼굴에 묻은 화장품은 확실히 제거해야 하지만, 강력한 세안제는 사용을 자제해야 한다. 가능한 한 화장하지 않는 날을 늘리고, 그날은 아침저녁 모두 물로만 세안해 피부와 상재균을 보호하도록 한다.

또한 피부를 보호하기 위해 적당히 땀을 흘리는 것이 좋다. 땀은 표피 포도상 구균의 먹이를 제공해 피부가 건조해지는 것을 막고, 땀에 들어 있는 항균 펩타이드는 면역 작용의 하나로써 피부의 피하지방이 만드는 병원균을 퇴치한다. 피부를 보호하기 위해서라도 땀을 흘리는 것은 중요하다.

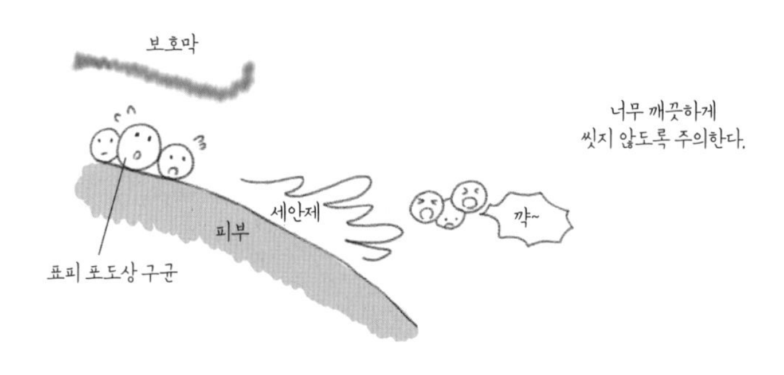

자외선을 싫어하는 피부 상재균

자외선은 우리 몸에서 화학 변화를 일으켜 살균 작용을 하는데, 이 살균 작용을 통해 병원균을 죽이지만 피부 상재균도 함께 죽이게 된다.

이처럼 자외선은 우리 몸속에 비타민 D를 만드는 긍정적인 영향 외에 여러 부정적인 영향도 미친다. 면역 기능을 저하시키거나 세포 속 DNA를 손상시키고 피부암을 유발하기도 하며, 멜라닌 색소를 포함한 단백질을 늘리고 흑색화해 피부를 그을리거나 진피에 염증을 일으켜 선번(일광화상)을 유발한다. 또 자외선에 장기간 노출되면 주름이나 기미 등 피부의 조기 노화가 발생한다. 따라서 우리는 자외선의 긍정적인 영향과 부정적인 영향을 잘 판단해 생활할 필요가 있다. 자외선을 피하기 위해서는 모자나 양산 등을 사용하고, 해수욕이나 하이킹을 할 때는 반드시 선크림을 바르도록 한다.

효과적으로 몸을 씻는 방법

피부에 있는 상재균을 지키기 위해 몸을 씻는 좋은 방법은 때만 빠르게 씻어내는 것이다. 표피의 가장 위에 있는 각질층은 매일 조금씩 벗겨져 떨어지는데, 이렇게 자연스럽게 떨어지는 각질층만 씻어내도 충분하다. 때를 벅벅 밀면 아직 벗겨질 준비가 되지 않은 표피까지 손상시키는 역효과를 부른다.

비누를 사용해 씻어야 하는 부위는 아포크린샘이 있는 부위와 발, 발가락 사이, 장내 상재균의 출구인 항문 주위다. 아포크린샘에서 분비되는 땀 속 지방분은 모공에 사는 세균에 의해 분해되면서 특유의 냄새를 발생시킨다. 따라서 아포크린샘이 있는 얼굴(이마를 포함한 T존), 겨드랑이, 유두, 배꼽, 생식기 주위 등을 비누를 사용해 씻도록 한다.

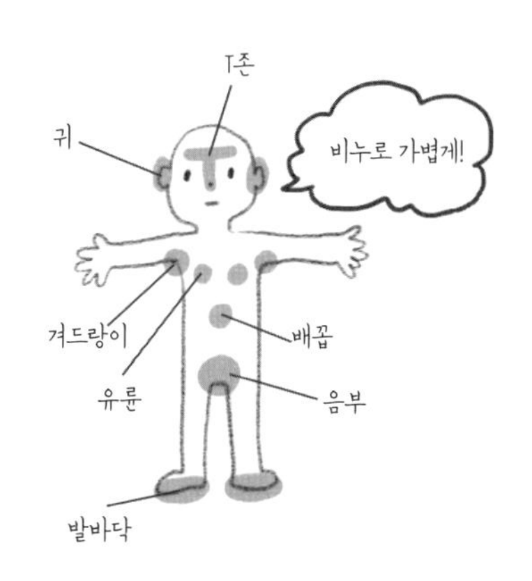

13

항균 제품은 정말 몸에 좋을까?

시중에서 항균이나 제균을 강조한 제품을 흔히 볼 수 있다. 하지만 이런 제품을 너무 많이 사용하면 우리 몸에 이로운 상재균까지 없애버릴 수 있다.

제균·살균·멸균·항균의 차이점

단어 끝에 붙어 있는 '균(菌)'은 세균, 곰팡이, 바이러스 등을 가리키며, 각 단어의 차이를 살펴보면 다음과 같다.

- **제균**(除菌) : 목적으로 삼은 물건의 내부와 표면에서 미생물을 제거하는 것이다. 여과 제균, 침강 제균, 세정 제균 등이 있다.
- **살균**(殺菌) : 목적으로 삼은 물건의 내부와 표면에 있는 미생물을 일부 또는 전부를 죽이는 것이다.
- **멸균**(滅菌) : 목적으로 삼은 물건의 내부와 표면에 있는 모든 미생물을 죽여 없애거나 제거하는 것이다.
- **항균**(抗菌) : 제균, 살균, 멸균, 소독, 정균(靜菌), 방부(防腐), 방균(防菌) 등을 전부 가리킨다.

항균의 부정적인 측면

일상생활을 하다 보면 균의 번식 때문에 곤란을 겪는 경우가 있다. 이를테면 부엌 싱크대에 생기는 물때는 세균 번식이 원인이며 불쾌한 냄새의 근원이기도 하다. 마찬가지로 부엌에서 사용하는 도마도 세균의 온상이 되기 쉽다. 또 땀을 흘린 뒤 나는 냄새의 대부분은 땀이 세균에 의해 분해되면서 발생한다. 이때는 살균제를 사용하거나 옷에 항균제를 뿌리면 세균의 번식을 막을 수 있다.

그렇다면 항균의 부정적인 측면은 없을까? 우리 몸에는 장내 세균을 비롯해 피부, 기도 등 여러 장기에 살고 있는 다종다양한 세균과 바이러스가 있다. 그리고 이런 상재균이 항균 제품의 작용으로 인해 살균되어버리는 경우가 있는데, 가령 약용 비누나 제균 알코올을 너무 많이 사용하면 피부의 세균 균형을 무너트리고, 그 결과 피부 트러블을 유발하는 균을 번식시킬 위험이 있다.

피부 상재균은 서로 밀접하게 관계하며 복잡하게 균형을 유지하고 있다. 이런 균형을 유지한 상태에서는 새로운 균이 침입하더라도 이내 정착하지 못하는데, 이를 길항 작용이라고 한다. 그런데 항균 제품을 지나치게 사용하면 균형이 무너져 오히려 병원균의 침입을 허용할 위험이 있다. 게다가 어중간한 살균은 병원균이 항균에 대해 내성을 가질 수도 있어 항생 물질 등이 효과를 발휘하지 못하는 상황이 발생할 수도 있다.

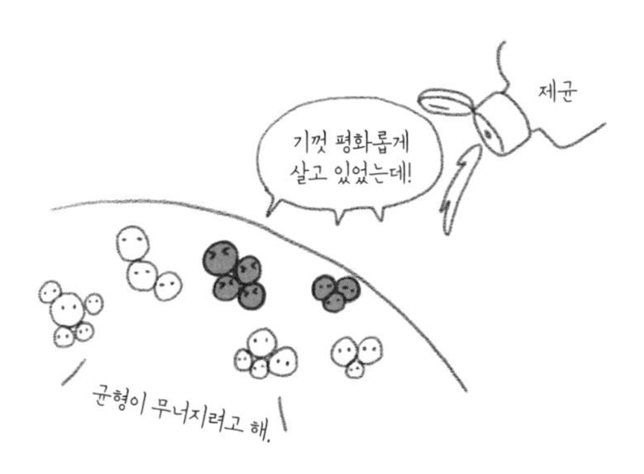

주의해야 할 제균 제품

일상적으로 사용해도 환경에 해가 없으면서 항균성을 지니고 있는 것으로는 은과 구리가 있는데, 은과 구리의 효과를 강조하는 제품 중에는 근거가 불명확한 것도 적지 않다.

화장실에서 냄새가 나는 이유는 화장실 벽에 붙은 소변 성분인 요산이 세균에 의해 분해되면서 암모니아가 발생하기 때문이다. 그리고 이 냄새를 제거하는 은 이온을 이용한 화장실용 냄새 제거제가 일본에서 판매되고 있다. 그런데 지금까지 '은 이온으로 제균한다' 등의 문구로 홍보하던 제품에 대해 일본 공정거래위원회가 '표기한 효과가 나타나지 않기 때문에 경품표시법에 위반된다'라며 해당 기업에 시정 명령을 내렸다. 분명히 은이나 은 이온은 항균성을 지니고 있지만, 시정 명령을 받은 이유는 은의 함유량이 극히 미량이라 효과가 거의 없었기 때문이다.

2014년에는 '목에 걸기만 하면', '방에 놓아두기만 하면' 공기 중에 방출되는 이산화염소의 효과로 인해 생활 공간을 제균하고 악취를 없앨 수 있다고 홍보하는 공간 제균 제품이 화제가 되었다. 하지만 해당 제품이 생활 공간을 제균하는 효과가 정말 있는지는 역시 의문이었다. 그래서 일본 소비자청이 17개 기업에 대해 표기를 뒷받침하는 합리적 근거를 제출하도록 요구했지만, 각 기업이 제출한 자료는 밀폐된 공간 등에서 실험한 결과였다. 환기를 시키거나 사람이 드나드는 공간 등에서 효과가 있는지는 증명되지 않았다.

이산화염소가 생활 공간에서도 충분한 살균 효과를 내려면 수백

ppm 이상의 농도로 사용되어야 하는데, 그렇게 되면 사람이 강한 산화력이 있는 것을 들이마시게 되기 때문에 우리 몸에 해롭다. 이처럼 항균이나 제균을 강조하는 제품 중에는 효과에 의문이 드는 것이 적지 않다.

14

충치와 잇몸병은 큰 병의 근원이 된다?

충치나 잇몸병 등 구강 질환이 발생하는 원인과 잇몸병과 관련된 중대한 병이 무엇인지 알아보자.

충치가 발생하는 이유

입속에는 다양한 상재균이 살고 있는데, 그중에서 충치를 일으키는 것은 스트렙토코쿠스 뮤탄스라는 균이다. 양치질을 하지 않으면 이 세균과 그 부산물, 음식물 찌꺼기 등이 결합해 치아의 표면에 치태(플라그)를 만들게 된다. 치태는 다양한 세균류가 공동으로 만들어낸 바이오필름이라는 단단한 구조물로, 칫솔 등의 물리적인 수단이 아니면 제거할 수 없다.

치태는 어금니 위아래의 골이나 치아와 잇몸 사이의 빈틈에 잘 붙으며, 치태의 내부에서는 설탕을 재료 삼아 젖산 등의 산을 만드는 세균이 증식해 치아의 석회질을 녹인다(치아 탈회). 침은 알칼리성이라 탈회된 치아의 표면을 원래대로 되돌리는(재석회화) 효과가 있지만, 설탕을 섭취하는 빈도가 늘어나거나 양치질을 하지 않으면 충치가 진행될 수 있다.[1] 특히 이가 나고 몇 년 동안은 충치가 발생하기 쉽기 때문에 어렸을 때 양치 습관과 단 것을 자주 먹지 않는 등의 습관

1 충치는 이 밖에도 침의 양이나 체질 등 다양한 원인으로 인해 발생한다.

을 들이는 것이 중요하다. 또 충치는 감염병의 일종이기도 하므로, 어른이 갖고 있는 세균을 어린이에게 감염시키지 않도록 음식을 씹어서 주거나 식기 또는 수저를 함께 사용하지 않는 편이 좋다.

어린이의 충치는 치아 표면에 발생하기 쉽지만 성인은 치아의 뿌리, 의치, 치료한 자리 주위에 발생하는 경우가 많다. 따라서 평소 올바른 방법으로 양치질을 하고, 정기적으로 치과를 방문해 진료를 받도록 한다.

잇몸병이 발생하는 이유

치아의 뿌리 부분에는 치주 포켓이라는 홈이 나 있는데, 잇몸병(치주염)은 치태가 치주 포켓에 부착되어 발생하는 병이다. 치태는 석회화되어 치석이 되고, 치주 포켓은 염증을 일으켜 점차 커짐에 따라 잇몸이 붓고 곪게(치조 농루) 된다. 최후에는 치아가 흔들리다 빠질 수도 있다. 따라서 평소 칫솔로 치태를 꼼꼼히 제거하고, 특히 이 사이가 벌어지는 중년 이후에는 치실이나 치간 칫솔을 이용해 이를 깨끗이 청소해야 한다. 또 정기적으로 치과를 방문해 치석 검사를 하고 제거 역시 중요하다.

뇌경색이나 심근경색을 일으킬 수도 있다?

충치를 방치하면 치아 통증이나 심한 입 냄새를 유발할 뿐 아니라 치아 중심부의 치수가 곪고, 나아가 온몸에서 세균이 염증을 일으키는 패혈증에 걸릴 수도 있다.

최근에는 충치나 잇몸병이 치원성 균혈증이라는 병을 유발한다는 사실이 밝혀졌다. 잇몸병 원인균 등의 자극으로 동맥경화를 유도하는 물질이 생성되고, 혈관 속에 플라그(죽상(粥狀)의 지방성 침착물, 치태와는 조성이 다름)가 발생한다는 사실이 밝혀지면서 동맥경화, 뇌경색, 심근경색 등을 일으킬 가능성이 지적된 것이다. 지금까지 동맥경화는 부적절한 식생활이나 운동 부족, 스트레스 등의 생활 습관이 원인으로 여겨졌는데, 입속의 위생 환경도 영향을 끼칠 가능성이 있다는 것이다. 또 잇몸병이 노인의 오연성 폐렴(음식물이나 침이 식도가 아닌 기관지로 잘못 들어가 발생하는 폐렴-옮긴이)이나 당뇨병 등의 위험을 높인다는 연구 결과도 있다.

충치나 잇몸병과 관련 있을 가능성이 있는 병

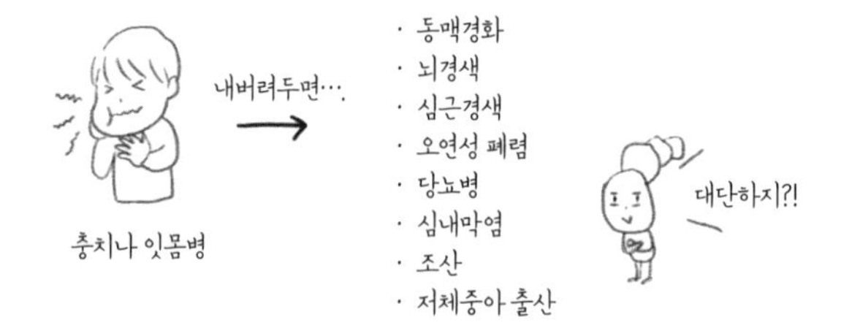

15

장내 플로라란 무엇일까?

장내 세균이 주목을 받으면서 '장내 플로라'라는 말을 자주 들을 수 있다. 장내 플로라와 장내 세균에 대해 알아보자.

장내 세균총 = 장내 플로라

장 속에는 100조 개나 되는 수백 종류의 세균이 살고 있는 것으로 추정된다. 무게로는 약 1.5kg이나 된다. 과거에는 대변 속 세균을 배양해 조사한 결과를 바탕으로 100종류 정도라고 여겨졌지만, 세균의 DNA를 추출해 식별을 진행한 결과 배양이 곤란한 세균이 잔뜩 있다는 사실이 밝혀져 종류가 늘어났다.

장내 세균은 각각의 균이 자신의 영역을 형성해 모여 살면서 장내 세균총[1]을 이루고 있다. 같은 종류의 균이 마치 꽃밭처럼 장의 벽면을 뒤덮고 있다고 해서 식물이 모여 사는 모습(플로라)에 빗대어 장내 플로라라고 부르기도 한다.

장내 세균의 주된 활동 장소인 대장

장내 세균이 주로 활동하는 장소는 대장이다. 대장은 소장보다 길이가 짧고 면적도 작다. 그런데 장내 세균은 왜 소장이 아니라 대장에

1 '총(叢)'은 '떼', '무리를 짓다', '잔뜩 모여 있다'라는 뜻이다.

서 주로 활동할까? 음식물은 입, 식도, 위를 지나 소장 상부에 도착하고 그곳에서 소화와 흡수도 시작된다. 그런 까닭에 장관의 부위에 따라 영양분과 양이 달라지게 된다.

우리는 음식물과 함께 공기도 섭취한다. 공기의 21%는 산소로 이루어져 있는데, 세균은 산소에 대해 호기성과 혐기성으로 분류된다. 혐기성균은 산소가 있으면 성장하지 못하는 세균이고, 호기성균은 다시 세 종류로 나뉜다.

- **호기성균**
  - → 통성 혐기성균(산소의 유무에 상관없이 생육함)
  - → 미호기성균(산소 농도가 3~15% 정도인 환경에서 생육함)
  - → 편성 호기성균(산소가 필요함)

입으로 섭취한 공기 속 산소는 장관 상부에 사는 호기성균이 소비한다. 그 결과 하부로 갈수록 장관 내부의 산소 농도는 저하되고, 대장에 이를 무렵에는 산소가 거의 사라져 혐기성 환경이 된다. 소장에는 아직 산소가 있기 때문에 통성 혐기성균인 유산 간균이 많이 살고 있지만, 맹장부터 대장은 거의 무산소 상태가 되어버려 산소가 없으면 증식하지 못하거나 사멸되어버리는 편성 혐기성균이 폭발적으로 많아진다.

또한 비누나 세제 같은 계면활성 작용을 하는 담즙 속의 담즙산이 세균의 세포막을 녹여 살균 효과를 내기 때문에 세균이 살기 어러운 환경이 된다. 매일 총 20~30g의 담즙산이 장 속에 분비되며, 분비된 담즙산의 약 90%는 회장에서 다시 흡수되어 재사용된다. 따라서 장내 세균은 회장보다 뒤쪽에 있는 대장을 주된 활동 장소로 삼는다.

장내 플로라

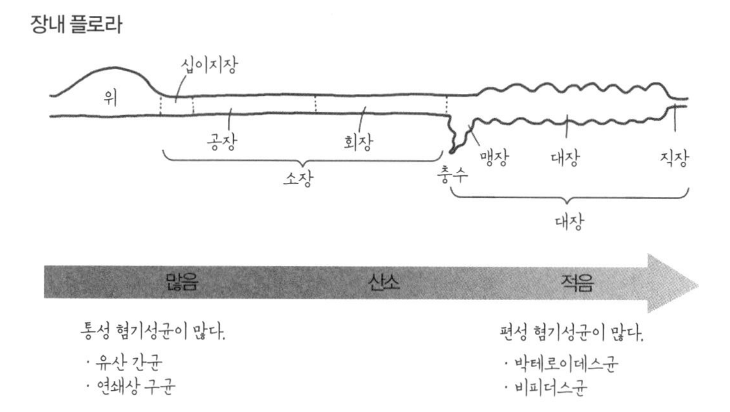

주요 장내 세균과 대장균

위에서는 위산(pH 1~2[2])이 분비되기 때문에 미생물이 거의 살지 못한다. 위염과 위궤양의 원인이 되는 파일로리균(223쪽 참조) 정도가 존재할 뿐이다. 십이지장과 공장에는 담즙 등의 영향으로 세균의 수가 1g당 1,000~1만 개 정도이며, 유산 간균과 연쇄상 구균 등이 살고 있다. 회장에는 1g당 1억 개가 넘는 균이 살고 있다. 그리고 대장의 경우 세균의 수는 1g당 100~1,000억 개로, 그 수는 더욱 많아지며

2 pH는 수용액의 산성과 알칼리성의 정도를 0~14의 값으로 나타내는 수소 이온 지수다. 0은 강산성, 7은 중성, 14는 강알칼리성이다. pH는 Potential of Hydrogen의 약자다.

박테로이데스균이 가장 많이 살고 비피더스균 등이 뒤를 잇는다.

대장에는 대장균이 많다?

장 속에서 가장 처음 발견된 세균은 대장균이다. 대장균에는 여러 종류가 있는데, 대부분은 인간에게 해가 되지 않는다. 장 속에서 비타민을 합성하거나 해로운 세균의 증식을 억제해 우리의 건강에 이바지하고 있다. 하지만 이 중에는 설사나 복통 등을 유발하는 병원성 대장균도 있다.

사실 대장균의 수는 모든 장내 세균의 0.1% 정도밖에 차지하지 않는다(0.01%라는 문헌도 있음). 하지만 장 속에 있는 세균 중 매우 적은 수임에도 불구하고 대장균이 장내 세균의 대표적인 존재로 인식되는 이유는 증식이 빨라 쉽게 검출되기 때문이다.

16 유산균과 비피더스균은 건강에 좋다?

프로바이오틱스란 우리 몸에 좋은 영향을 끼치는 미생물 또는 그런 미생물이 들어 있는 제품이나 식품을 말한다. 유산균과 비피더스균이 대표적인 예다.

서로 다른 부류인 유산균과 비피더스균

유산균은 당을 분해해 젖산을 만드는 균의 총칭으로, 수많은 종류가 존재한다. 우리 몸에는 소장과 여성의 질 속에 유산 간균속(屬)의 유산균이 살고 있다.

비피더스균은 당에서 초산(아세트산)이나 젖산을 만드는데, 특히 모유를 먹고 자란 아기의 장관 속에 빠르게 정착하는 것으로 알려져 있다. 과거에는 비피더스균을 유산 간균의 일종으로 여겼지만, Y자형으로 가지가 갈라지면서 발육하기 때문에 현재는 방선균의 일종으로 분류된다.

메치니코프의 설에서 비롯된 유산균의 이미지

유산균과 비피더스균이 건강에 좋다는 인식은 러시아의 미생물학자인 일리야 메치니코프까지 거슬러 올라간다. 그는 20세기 초 자신이 제창한 '대장 속 세균이 만들어내는 부패 물질이야말로 노화의 원인이다'라는 자가중독설을 바탕으로 '불가리아의 스몰랸 지방에는 장수하는 사람이 많은데, 그 요인에는 떠먹는 요구르트가 있다'라고 주장했다.

그리고 메치니코프 자신도 떠먹는 요구르트를 대량으로 섭취해 대장을 유산균으로 가득 채움으로써 노화의 원인인 대장균을 몰아내려고 노력했다. 즉, 유산균을 섭취하면 이 균이 장 속에서 증식해 유해한 세균의 증식을 억제함으로써 인간에게 건강과 장수를 가져다준다는 것이다.

유산균이 살아 있는 채로 장에 도달한다?

유산균 음료를 마신다고 해서 인간이 병에 걸리지 않고 오래 살 수 있는지는 분명하지 않다. 불가리아인의 평균 수명도 20세기 후반 이후의 통계를 보면 길지는 않은 것이 사실이다. 게다가 살아 있는 유산균이 들어 있는 음료를 마셔도 대부분이 위에서 분비되는 위산에 의해 죽기 때문에 장 속에 생육이 가능한 형태로는 도달하지 못한다.

1930년대 일본의 미생물학자인 시로타 미노루는 위에서 죽지 않고 장까지 도달하는 튼튼한 유산 간균(락토바실러스 카세이 시로타)을 발견했다. 그리고 1935년 이 균을 발효유 속에서 키워 '야쿠르트'라고 하는 최초의 음료를 만들어낸다. 하지만 살아 있는 채로 장까지 도달한 유산균도 결국에는 장에 정착하지 못하고 그대로 통과할 뿐이다. 다만 살아서 도달하면 장 속을 통과하는 사이에 젖산이나 아세트산 등의 상재균에 좋은 영향을 끼치는 물질을 분비한다고 알려져 있다.

장을 통과하는 락토바실러스 카세이 시로타

유산균과 비피더스균은 건강에 좋다?

시중에 유산균이나 비피더스균으로 만든 건강 보조 식품이 많지만, 고농도의 프로바이오틱스라도 작은 포장 1개당 수천 개의 세균이 들어 있을 뿐이다. 하지만 장에는 이미 그 수백 배가 넘는 세균이 살고 있다.

프로바이오틱스의 섭취 효과는 기대하지 않는 편이 좋다. 살아 있는 유산균도 장을 통과해버린다는 점을 생각하면, 분명 좋은 영향이 있는지 검증하기 위한 긴 시간이 필요할 것이다.

현재 프로바이오틱스에 대해 의학적 근거가 있는 것은 감염성 설사의 발병 억제, 항생 물질 치료에 따른 설사 위험 감소, 괴사성 장염(조산아에게 찾아오는 장 질환)으로부터 아기를 지킬 수 있다는 정도다. 그래서 대부분의 프로바이오틱스는 의약품이 아닌 식품으로 분류된다. 의약품은 규제가 엄격하지만 식품의 경우 규제가 느슨하기 때문이다. 다만 프로바이오틱스라는 개념은 유효하므로, 적절한 미생물을 섭취함으로써 건강에 기여할 가능성은 있다.

17
장내 세균은 무슨 일을 할까?

장내 플로라를 형성하고 있는 장내 세균은 어떻게 우리 몸에 영향을 끼칠까? 그리고 왜 장을 '제 2의 뇌'라고 하는지 이유를 알아보자.

장내 플로라는 음식물의 소화되지 않은 부분을 먹이로 삼는다?

입부터 항문까지 음식물이 지나가는 길을 소화관이라고 하며, 소화관은 입, 식도, 위, 십이지장, 소장, 대장, 항문의 순서로 연결되어 있는 하나의 긴 파이프와 같다. 장내 세균은 소장과 대장의 장관에 많이 살고 있으며, 특히 대장에 대부분이 살고 있다.

입으로 섭취한 음식물은 위, 십이지장, 소장에서 전분 등의 당은 포도당으로, 단백질은 아미노산으로, 지방은 지방산과 모노글리세라이드로 소화되어 몸속으로 흡수된다. 그리고 음식물의 소화되지 않은 부분, 소화액, 벗겨진 소화관 상피가 대장에 도달하고 대장 속 상재균은 이들의 일부를 먹고 산다. 장 속은 온도와 pH가 적당한 수준인데다 계속해서 영양분이 공급되는 등 세균이 살기 좋은 환경이다.

장내 플로라에서 가장 많은 세균은 박테로이데스균[1]으로, 대변 속 균의 80%를 차지하고 비피더스균과 유박테리움속이 뒤를 잇는다.

---

1 박테로이데스균이 어떤 성질의 생물인지에 대해서는 2015년 1월호 『Nature』의 '장내 세균인 박테로이데스가 이기적으로 만난을 독점하고 있다'라는 보고를 통해 알 수 있다. 만난은 효모의 세포벽을 만드는 다당류로, 소장까지 소화되지 않은 채로 이동한다.

또 박테로이데스균의 한 부류(박테로이데스 플레베이우스)는 해조류에 들어 있는 식이섬유를 분해하는 효소를 만들 수 있는데, 김을 먹는 일본인의 장 속에 이 균이 살고 있는 경우가 많다.

박테로이데스균이나 비피더스균은 우리 몸속에서 잘 소화되지 않는 프락토올리고당, 갈락토올리고당, 자일로올리고당 등의 올리고당(단당이 2개에서 10개 정도 결합된 소당류)을 먹이로 삼으며, 이때 발생하는 대사산물로는 주로 아세트산, 젖산, 부티르산 등의 산과 비타민(B1, B2, B6, B12, K, 니코틴산, 엽산), 수소, 메탄, 암모니아, 황화수소 등이 있다.

박테로이데스 플레베이우스

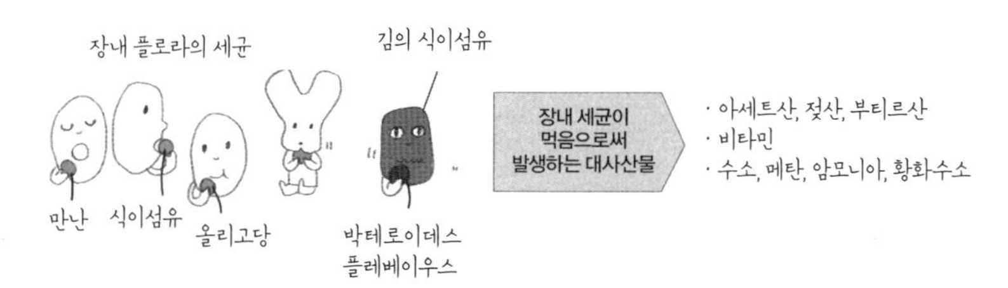

장은 제2의 뇌

스트레스를 많이 받으면 변비가 생기거나 설사를 하는 것은 뇌와 장이 깊은 관계가 있음을 보여준다. 그렇다면 뇌와 장을 연결하는 신경을 막으면 어떻게 될까? 장에는 신경이 촘촘하게 둘러져 있다. 장의 신경은 뇌와는 독립된 네트워크로, 다른 소화기관과 협조하면서 활동하고 직접 장기에도 명령을 내린다. 그래서 뇌에서 장으로 오는 신경을 막아도 장은 독자적으로 연동운동(대변이나 가스를 배출하는 장의 움직임)을 하고 소화액도 분비한다. 다시 말해, 장은 뇌와 연락을 주고받을 때도 있고 뇌의 도움 없이 혼자서 연동운동 등을 할 때도 있다.[2]

장의 연동운동은 대변이 위에서 직장까지 연결된 길을 원활하게 이동하기 위해 꼭 필요한 운동이다. 더불어 음식물의 분해 또는 소화에 필요한 효소나 호르몬의 분비를 촉진하는 역할도 한다. 그리고 연동운동에는 대장과 소장을 합쳐 1억 개 정도의 신경세포가 깊이 관여하고 있는데, 이때 관여하는 신경세포의 수는 뇌(150억 개 이상) 다음으로 많다.

뇌가 강한 스트레스를 느끼면 이 스트레스는 자율신경을 거쳐 즉시 대장에 전달되어 변비, 복통, 설사를 일으킨다. 반대로 설사나 변비 등 대장의 상태 이상은 자율신경을 통해 뇌의 스트레스가 된다. 즉, 스트레스의 악순환이 일어나기 쉬워지는 것이다. 장내 세균은 이런 대장의 기능과 큰 관련이 있으며, 장내 세균이 만들어내는 다양한 물질은 뇌와 다른 장기에 크게 관여한다는 사실도 밝혀졌다. 장내 플로라는 우리 몸의 건강을 유지하는 데 큰 영향을 끼친다.

---

2 미국의 마이클 D. 거숀 박사는 저서인 『제2의 뇌』에서 이런 장의 활동을 설명했다.

18
꾹 참은 방귀는 어디로 갈까?

방귀는 우리가 음식물과 함께 삼킨 공기, 음식물이 장내 세균의 활동으로 발효되면서 발생한 가스, 혈액에 있다가 장의 점막을 통해 나온 가스 등이 섞인 것이다.

방귀의 성분

우리가 입으로 삼킨 공기, 장 속에서 발생한 가스는 방귀 또는 트림으로 몸에서 배출되는 가스의 양과 균형을 이룬다. 이 균형이 정상이라면 배 속에는 일반적으로 200mL 정도(한 컵 분량)의 가스가 차 있는 것이다.

입으로 삼킨 공기나 장 속에서 발생한 가스의 대부분은 혈액 속에 흡수된 뒤 폐를 통해 호흡할 때 배출된다. 방귀나 트림으로 배출되는 양은 배 속에 들어 있는 가스의 10%도 되지 않는다. 방귀의 양은 평소 먹은 음식물이나 몸의 상태에 따라 차이가 있지만, 1회에 수 mL에서 150mL 정도이고 하루에 400mL에서 2L가 몸 밖으로 배출된다.

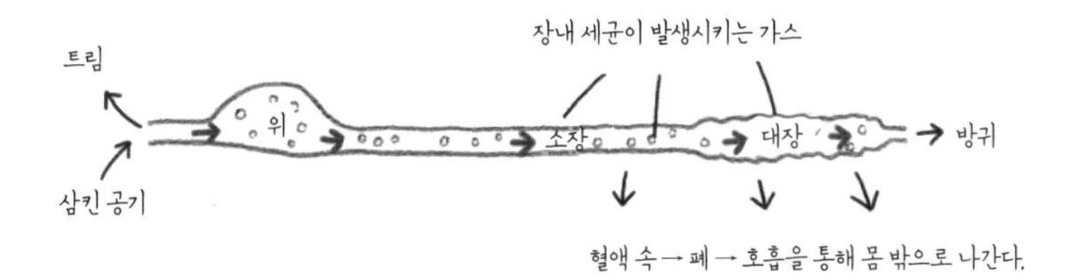

미국 NASA의 연구팀은 방귀를 진지하게 연구했다. 좁은 우주선 안에 유독한 방귀가 가득 차는 것은 심각한 문제이기 때문이다. 게다가 우주에서 먹는 음식물은 양은 적지만 고열량이라 방귀의 생산 효율이 높고, 수소나 메탄가스의 생산량도 많은 까닭에 경우에 따라 가스 폭발의 위험도 있기 때문이다. 연구팀은 방귀에 약 400종류의 성분이 포함되어 있고, 방귀의 주요 성분으로는 입으로 삼킨 공기 속 질소가 60~70%, 수소가 10~20%, 이산화탄소가 약 10%를 차지하고 있음을 밝혀냈다.[1]

음식물과 함께 입으로 삼킨 공기의 성분은 건조 공기에 대해 질소 78%, 산소 21%, 아르곤 외 1%로 이루어져 있다. 이 중 산소는 호기성균에 의해 소비되고, 방귀에 가장 많은 성분인 질소는 우리 주위의 공기 속에 있던 것이다.

메탄과 수소의 발생

소장에는 산소가 있으면 산소로 호흡하는 통성 혐기성균이 있다. 통성 혐기성균은 산소 호흡을 할 때는 먹이의 영양분(유기물)과 산소를 최종적으로 물과 이산화탄소로 만드는 과정을 통해 살아가기 위한 에너지를 얻는다. 한편, 산소가 없는 상태에서는 메탄이나 에탄올(술의 성분인 알코올), 젖산, 아세트산 등과 이산화탄소로 만든다. 즉, 산소가 없는 상태에서는 먹이의 유기물을 최종적으로 물과 이산화탄

1 기타 성분으로는 산소, 메탄, 암모니아, 황화수소, 스카톨, 인돌, 지방산, 휘발성 아민 등이 있다.

소로 만들지 못한다. 따라서 메탄 등은 산소가 없는 호흡(무기 호흡)을 할 때 생긴 것이다.

대장에는 수소를 만드는 수소 생산균의 부류도 있다. 일반적으로 당질은 위나 소장에서 소화·흡수되지만, 흡수 불량으로 대장까지 온 당질을 먹이로 삼아 수소를 만든다.

발효와 부패는 장내 세균의 호흡이다?

장내 세균은 살기 위해 호흡을 한다. 이 호흡은 우리가 세포 속에서도 하는 것으로, 영양분을 대사해 살아가기 위한 에너지를 얻는 활동이다.

산소가 없는 상태에서 하는 세포의 호흡(무기 호흡, 혐기성 호흡)이 인간에게 이로운가 해로운가라는 기준으로 나누는 경우가 있다. 즉, 에탄올이나 젖산같이 대사산물이 인간에게 유익하면 발효라고 하고, 암모니아나 황화수소같이 인간에게 유해하면 부패라고 한다.

고구마를 먹으면 방귀를 많이 낀다?

흔히 고구마를 먹으면 방귀가 많이 나온다고 한다. 이유는 고구마나 우엉 등 식이섬유가 많이 들어 있는 식품을 먹으면, 인간의 소화 효소로는 분해하지 못하는 전분 조각이 장내 세균의 영양원이 되어 발효가 활발해지기 때문에 방귀를 많이 끼게 된다. 하지만 고구마가 발효되어 발생하는 가스는 주로 냄새가 없는 이산화탄소이므로, 방귀의 냄새가 고약하지는 않다.

장내 세균이 만드는 고약한 냄새의 가스

장 속에 있는 질소, 이산화탄소, 수소, 메탄은 냄새가 없는 가스이지만, 암모니아나 황화수소 등은 냄새가 나는 가스다. 암모니아나 황화수소는 장내 세균이 단백질을 분해할 때 발생하는 것으로, 당질이나 지질은 탄소, 수소, 산소로 이루어져 있지만, 단백질에는 탄소, 수소, 산소와 함께 질소도 들어 있고 종류에 따라 황이 들어 있는 것도 있다.

암모니아는 질소와 수소가 결합한 분자로, 물에 아주 잘 녹으며 고약한 냄새가 나는 유해한 가스다. 또 암모니아는 세포 속 단백질과 아미노산의 대사 과정에서도 발생하는데, 우리 몸의 간장에서 독성이 낮은 요소로 만든다. 황화수소는 황과 수소가 결합한 분자로, 역시 독특한 악취가 나는 유해한 가스다.

고기나 생선을 먹으면 방귀 냄새가 고약해진다?

암모니아와 황화수소도 분명 냄새가 고약하지만, 미량임에도 더 고약한 냄새를 내는 것이 있다. 바로 인돌과 스카톨이다. 방귀에서 냄새가 나는 주된 원인은 대장 속의 단백질 분해균이나 부패균이 생성하는 인돌과 스카톨에 있다.

단백질에는 반드시 질소가 포함되어 있다. 암모니아, 인돌, 스카톨도 질소가 포함된 물질이다. 그리고 암모니아는 이마노산 대사에서도 만들어지고, 인돌과 스카톨 역시 트립토판이라는 아미노산의 대사에서 만들어진다. 또 황화수소는 황을 포함한 물질로, 함황아미노산이라는 황을 포함한 아미노산 대사에서 만들어진다. 즉, 아미노산을 함유한 단백질이 가득 들어 있는 고기와 생선 등을 많이 먹은 뒤에는 냄새를 내는 물질이 대량으로 발생한다.[2]

스트레스도 방귀 냄새를 고약하게 만든다. 피로와 스트레스로 인해 위나 장 같은 소화기관에서 음식물을 제대로 소화하지 못해 장내 세균의 균형이 무너지기 때문이다. 또 스트레스는 변비나 설사도 유발하는데, 변비에 걸리면 음식물이 장시간 장 속에 머물기 때문에 부패나 발효가 일어나기 쉬워진다. 이처럼 방귀의 냄새는 장내 세균의 상태를 측정하는 척도가 된다.

꾹 참은 방귀가 이동하는 곳

주위에 사람이 있거나 분위기상 방귀를 뀌기 망설여질 때가 있다. 그래서 온힘을 다해 방귀를 참게 되는데, 한동안 참고 있으면 방귀는 어딘가로 사라져 버린다. 참은 방귀는 대체 어디로 갈까?

참은 방귀의 대부분은 시간의 경과와 함께 대장 점막에 있는 모세혈관을 통해 혈액 속에 흡수되고, 흡수된 방귀는 혈액을 타고 온몸을 맴돌게 된다. 도중에 일부는 신장에서 처리되어 소변의 성분이 되지만, 나머지는 폐의 모세혈관까지 운반되어 호흡(숨)에 섞여 입이나 코를 통해 배출된다. 즉, 자신도 모르는 사이에 입이나 코로 방귀를 뀌고 있는 셈이다.

---

2 장내 세균 연구자인 일본의 벤노 요시미는 하루에 1.5kg의 고기를 40일 동안 먹었다. 쌀, 채소, 과일은 먹지 않고 육식만 계속했더니 비피더스균이 감소하고 클로스트리듐균이 증가해 몸에서 나는 냄새가 심해지고 대변도 강렬한 냄새를 풍겼다고 한다.

19
대변의 색이나 모양으로 건강 상태를 알 수 있다?

우리 몸의 소화관을 공장에 비유하면 대변은 제품이라고 할 수 있다. 공장이 제대로 가동되고 있는지 아닌지는 제품인 대변의 완성 상태를 보면 알 수 있다.

대변이란?

대변은 음식물의 소화되지 않은 부분, 소화액, 벗겨진 소화관 상피(장벽세포의 시체), 장내 세균의 시체(살아 있는 장내 세균도 들어 있음) 등을 포함하고 있다. 비율로 보면 수분이 전체의 60%를 차지하고 벗겨진 소화관 상피가 15~20%, 장내 세균의 시체가 10~15%다.

대변의 양과 횟수는 먹은 음식물의 종류, 분량, 소화와 흡수의 상태에 따라 달라지지만, 대개 하루에 100~200g 정도이며 1회가 보통이다. 일반적으로 동물성 식품을 많이 섭취하면 식물성 식품을 많이 섭취했을 때보다 대변의 양과 횟수 모두 감소한다.

이상적인 대변은 바나나 모양이다?

색은 노란색에서 노란빛을 띠는 갈색이고 냄새는 나지만 지독하지 않으며, 완만한 바나나 모양을 띠는 것이 이상적인 대변이다. 반대로 색이 거무스름하고 악취가 난다면 장내 세균의 균형이 나빠진 상태라는 신호다. 장내 세균 연구자인 벤노 요시미가 말하는 이상적인 대변은 다음과 같다.

- 매일 나온다.
- 힘을 주지 않아도 술술 나온다.
- 노란색에서 노란빛을 띠는 갈색이다.
- 무게는 200~300g이다.
- 양은 바나나 2~3개 정도다.
- 냄새는 나지만 지독하지 않다.
- 굳기는 바나나에서 짜낸 치약 정도다.
- 수분량은 80% 정도다.
- 변기의 물속에 떨어지면 빠르게 풀어지며 물에 뜬다.

대변의 양이나 굳기는 바나나를 기준으로 하는 것이 기본이다. 무게는 측정하기 힘들지만 알기 쉽게 바나나 2~3개 정도라고 생각하면 된다. 굵기는 기본적으로 항문을 조이는 정도에 따라 결정되는데, 이상적인 굳기의 대변이라면 껍질을 벗긴 바나나와 비슷하다.

상태가 좋은 대변은 점액 옷을 두르고 있어 항문에 잘 묻지 않기 때문에 휴지로 여러 번 닦을 필요가 없다. 이 점액의 정체는 소화관에서 나오는 뮤신과 수분이다. 뮤신은 당과 단백질 성분의 고분자로, 점액이 소화관과 대변의 양쪽 표면에 얇게 묻어 있어 대변이 원활하게 소화관을 이동하고 부드럽게 항문을 빠져나올 수 있다.

대변 색의 비밀

대변의 색을 이루는 주된 성분은 담즙이다. 담즙은 지방의 소화와 흡수에 중요한 역할을 하는 소화액으로, 담즙산, 인지질, 콜레스테롤,

담즙 색소(주로 빌리루빈) 등의 유형 성분과 소듐(나트륨) 이온, 염화물 이온, 탄산 이온 등의 전해질로 이루어져 있다. 간장에서 만들어져 간관, 담낭, 총담관이라는 길을 거쳐 십이지장으로 흘러 들어간다.

담즙산은 장 속에서 비누와 세제 같은 계면활성 작용을 한다. 본래 물과 기름(지질)은 섞이지 않지만, 계면활성 작용으로 인해 물에 녹지 않는 지방산, 지용성 비타민, 콜레스테롤 등의 지질 성분과 물이 사이좋게 지내도록 만듦으로써 지질 성분의 흡수를 돕는다.

십이지장으로 흘러 들어간 담즙 속의 빌리루빈은 대장에서 장내 세균의 영향을 받아 우로빌리노겐으로 바뀌고, 이것의 대부분이 대변 색의 근원이 되는 황갈색의 스테르코빌린이 된다.

대변의 색으로 건강 상태를 점검한다?

대변의 색은 대장을 통과하는 시간이 짧을수록 노란색이고 길수록 검어진다. 노란색이나 노란빛을 띤 갈색은 건강한 대변의 색으로, 담즙 속의 노란 색소가 대변에 섞여 있기 때문에 보통은 다갈색이나 노란색, 또는 연한 녹색을 띤다. 지질의 지방분을 지나치게 섭취하면 담즙을 너무 많이 사용해서 하얀빛을 띠는 대변이 된다.

대변에 피가 섞여 있거나 타르 형태의 변이 나왔다면 이는 위험 신호다. 대변의 표면에 피가 묻어 있을 경우 치질일 가능성이 높고, 대변 전체가 핏빛일 때는 대장 출혈을 의심해봐야 하며 심한 경우 대장암이나 직장암일 가능성도 있다. 물컹한 타르 형태의 대변이 나왔다면 상부 소화관의 출혈이 의심되는 위험 신호로, 출혈성 위염,

위궤양, 십이지장궤양, 위암일 가능성이 있다. 참고로 고기나 생선 등의 단백질을 많이 섭취하면 분해되면서 악취 물질을 만들기 때문에 대변의 냄새가 지독해진다.

대변과 향수의 냄새는 같은 성분이다?

단백질이 부패균에 의해 분해되면 악취를 풍기게 되는데, 이 악취의 성분이 바로 인돌, 스카톨[1], 황화수소, 아민 등이다.

인돌은 실온에서는 대변 냄새가 나는 고체 물질이지만 희석해서 저농도로 만들면 좋은 향이 나며, 오렌지나 재스민 등 여러 꽃의 향기 성분이기도 하다. 실제로 향수에 사용되는 천연 재스민 오일에는 약 2.5%의 인돌이 포함되어 있으며, 향수나 향로에 합성 인돌이 사용된다. 스카톨 역시 대변 냄새의 근원이지만 희석하면 재스민 향이 된다. 인돌처럼 향수나 향료의 원료로 사용된다.

숙변이란?

숙변은 장벽에 달라붙어 떨어지지 않는 질척질척한 대변을 가리키는데, 사실 이런 대변은 존재하지 않는다. 소장이나 대장의 상피(장점막)는 새로운 세포가 계속해서 증식해 공급되면서 융모라는 작은 돌기의 정상까지 밀어 올려지고, 정상에 도달하면 벗겨져 떨어지게 된다. 따라서 3~4일마다 새로워지기 때문에 대변이 달라붙을 수 없

1 스카톨은 그리스어로 똥을 뜻하는 '스카트'에서 유래했다.

다. 내시경으로 봐도 장벽에 달라붙어 있는 대변은 확인할 수 없다. 그러므로 우리가 일반적으로 일컫는 숙변은 있을 수 없다.

단식을 할 때도 역시나 대변은 나오지만 숙변이 나오는 것은 아니다. 일반적인 대변에는 음식물의 소화되지 않은 부분, 소화액, 벗겨진 소화관 상피, 장내 세균의 시체 등이 포함되어 있는데, 단식할 때의 대변에는 음식물의 소화되지 않은 부분이 없을 뿐이다. 또 직장에 변이 있는데 배변을 하지 못하는 숙변성 궤양이라는 보기 드문 병이 있기는 하지만 숙변과는 다르다.

대변의 모양으로 건강 상태를 점검한다?

대변의 굳기와 모양 같은 특징을 7단계로 분류한 국제 기준이 있다. 브리스톨 스케일이라고 하는데, 영국의 브리스톨대학교에서 개발한 것이다.

4~5 사이의 짜낸 치약 모양의 대변이 가장 건강한 상태이고, 토끼똥 같은 동글동글한 대변을 보는 사람은 신경질적이고 변비가 있는 경우가 많다. 바나나 모양의 대변은 건강한 상태이지만, 수분이 부족하면 변비가 될 수 있고 항문 열상이 발생하기 쉽다.

스트레스, 소화 불량, 지나치게 수분을 섭취한 경우 대변이 묽어지면서 갑자기 가는 대변이 나온다면 직장암을 의심해볼 수 있다. 일시적인 설사일 경우 형태가 명확하지 않거나 죽 또는 물 같은 대변이 대부분이다. 하루에도 몇 번씩 화장실을 들락날락하거나 설사가 3일 이상 지속된다면 식중독 등에 걸렸을 가능성이 있다.

브리스톨 스케일

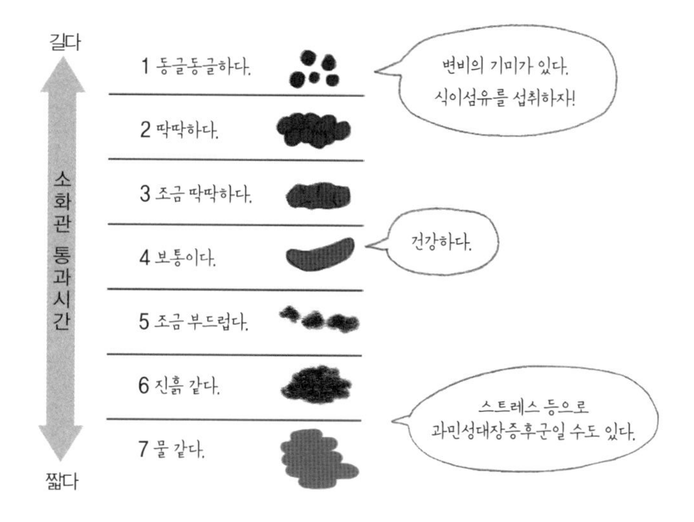

건강한 대변

밥이 주식인 한국인의 전통 식단은 기본적으로 식이섬유가 풍부하다. 식이섬유는 배 속에서 수분을 가득 머금어 대변의 부피를 늘려 변비를 막을 뿐 아니라 대장의 활동을 촉진해 대변이 잘 나오게 한다.

식물섬유를 많이 포함해 공기나 가스를 담고 있는 대변이라면 밀도가 작아 물에 뜬다. 또 지질을 많이 포함한 대변도 물에 뜬다. 다만 지질이 많아 물에 뜨는 경우는 물의 표면에 기름막이 생기는데, 이는 지질의 소화와 흡수가 제대로 되지 않은 대변이므로 좋은 대변이라고 할 수 없다. 고기 등의 단백질을 많이 먹으면 밀도가 커져 대변이 물에 가라앉기 쉽다.

PART 3

맛있는 식품을 만들어주는 미생물이 있다

20

발효와 부패의 차이점은 무엇일까?

2013년 '일본의 식문화'가 유네스코 무형문화유산에 등록되었다. 그리고 이 일본 식문화의 중심에는 발효 식품이 있다.

발효 식품이 많은 일본

일반적인 일본의 '1국 3찬' 식단[1]을 보면 동물성 지방을 크게 섭취하지 않는다. 그래서 장수와 비만 예방에도 효과적이라고 알려져 있다. 또 풍부한 맛을 내기 위해 발효를 이용한 조미료를 많이 사용하는데, 이를테면 미소, 간장, 맛술, 식초, 가쓰오부시, 생선장 등이 있다. 이 모두가 곰팡이나 효모를 이용한 발효 식품이다.

그 밖에도 가령 채소를 1년 내내 섭취하기 위해 만들어낸 음식으로 절임이 있다. 절임은 채소를 소금에 절여 젖산 발효를 시킨 것으로, 염분이 적으면 유산균 외의 세균류가 증식해 결국 부패해버린다.

발효와 부패의 차이점

세균의 활동으로 인간의 식생활에 유익한 것이 만들어질 경우를 발효라고 한다. 반대로 유해하거나 식용으로 사용하기에 적합지 않은 것이 만들어질 경우를 부패라고 한다.

---

1 밥, 국, 반찬 3종(주반찬 한 가지+부반찬 두 가지)으로 구성된 식단으로, 반찬으로는 주로 생선을 사용한 초무침, 구이, 조림 등이 있다.

일어나는 일은 사실 똑같은 발효와 부패

누룩곰팡이의 역할

다른 여러 나라에도 고유의 전통 발효 식품이 존재한다. 그중 일본 발효 식품의 근원은 바로 누룩곰팡이가 만들어내는 누룩이다.

곰팡이라고 하면 좋지 않은 인상을 받을 수 있다. 분명 오래된 빵 등에 생기는 붉은곰팡이는 미코톡신이라는 곰팡이 독소를 만들어 중독 증상을 일으키는 등 인간에게 나쁜 영향을 미치기 때문이다. 하지만 누룩곰팡이는 인간에게 유해한 물질을 만들지 않는다. 누룩곰팡이는 대상(음식물)의 전분이나 단백질을 분해해 당이나 아미노산을 만들어 성장한다. 그리고 이 성질을 효과적으로 이용해 미소, 간장, 청주 등 다양한 식품을 만든다. 이처럼 누룩곰팡이는 일본의 전통 식문화에 지대한 영향을 끼쳤다.

21 청주를 만드는 방법은 맥주나 포도주와 어떻게 다를까?

인간과 미생물이 만들어낸 하모니라고 할 수 있는 일본 청주의 세계와 맥주, 포도주와는 어떤 차이가 있는지 알아보자.

맛있는 청주를 만들기 위해 거치는 발효 과정

일본 청주를 만들 때 중요한 것은 바로 누룩이다. 누룩곰팡이를 번식시켜 만든 누룩은 미소, 간장, 청주를 만들 때 없어서는 안 되는 균이다. 청주의 제조 과정을 언급할 때 '첫째는 누룩, 둘째는 밑술, 셋째는 빚는 법'이라는 말이 있다. 좋은 누룩을 만드느냐가 청주의 완성도를 크게 바꿔놓는 것이다.

일본에서는 누룩을 만들 때 먼저 찐쌀에 누룩곰팡이의 종균을 뿌린다. 종균을 골고루 뿌린다고 해서 흩임누룩(산국)이라고 한다. 한편, 한국을 포함한 아시아의 다른 나라에서는 술을 만을 때 뭉친 찐쌀에 여러 종류의 누룩곰팡이와 거미줄곰팡이 등을 함께 키운 떡누룩(병국)을 사용한다. 떡누룩에는 여러 종류의 균이 있는 데 비해, 흩임누룩의 경우 한 종류의 누룩곰팡이만을 번식시켜 사용한다. 이것이 일본 청주의 맑은 맛을 만들어내는 비법 중 하나로 여겨진다.

청주를 만드는 누룩은 누룩방이라는 특별한 방에서 약 이틀에 걸쳐 번식시키는데, 누룩방은 누룩곰팡이가 번식하기 좋은 환경인

30℃, 60% 정도의 습도를 유지한다. 누룩의 완성도가 청주의 품질을 좌우하기 때문에 청주를 만드는 곳에서는 누룩방에 많은 돈을 들이는 것이 일반적이다.

다음으로 효모가 들어 있는 밑술이라는 액체를 만드는 작업을 한다. 누룩과 물을 섞은 뒤 씨효모를 넣어 효모의 수를 늘린다. 그리고 이 액체를 밑술이라고 하며 누룩, 쌀과 함께 넣어 술을 담근다.

이처럼 누룩이 쌀의 전분을 당화(糖化)하고, 이 당을 효모가 알코올로 만드는 두 단계를 거쳐야 청주가 완성된다. 맥주는 맥아의 당, 포도주는 포도의 당을 효모가 직접 알코올로 바꾼다는 점을 보면 청주는 독특한 양조 방법으로 만들어진다고 할 수 있다.

청주의 양조 과정

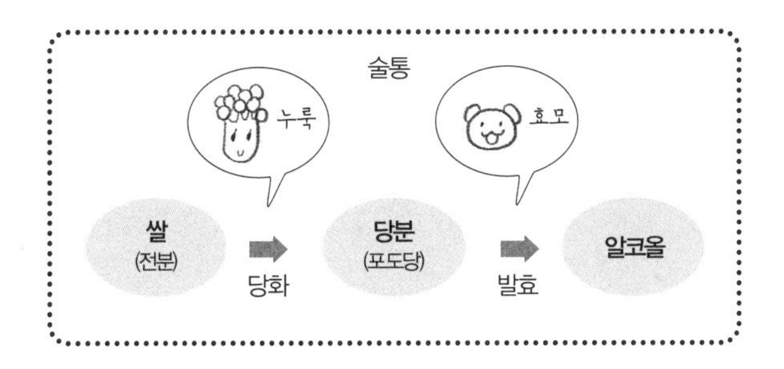

일본 청주의 역사

일본 청주의 역사는 매우 오래되었는데, 가장 오래된 청주는 '입으로 씹어서 만드는 술'이었다. 침에 들어 있는 아밀라아제가 전분을 당으로 바꾸고, 그 당을 천연 효모가 알코올 발효를 시켜 술로 만들었다. 그 뒤 일본에 누룩을 사용한 술이 등장한 때는 문서에 정식으로 등장한 나라시대(710~794년)이지만, 누룩을 사용해 술을 만드는 방식은 전부터 존재했으며 각지에서 이미 시행착오를 거쳤으리라 생각된다. 그리고 무로마치시대(1336~1573년)에 이르러서는 누룩을 만드는 전문가가 등장해 양질의 누룩을 늘려 판매하기 시작했다.

일본 청주의 종류

일본 청주의 종류는 원료가 되는 술쌀의 도정 수준과 알코올의 첨가 유무에 따라 달라진다. 일반적으로 쌀을 많이 깎아낼수록 잡맛이 없고 섬세한 술이 만들어진다.

	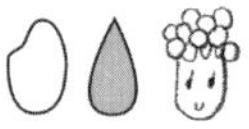 쌀·물·쌀누룩		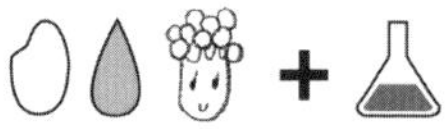 쌀·물·쌀누룩 + 양조용 알코올
특정 명칭주	순미대음양주	50% 이하	대음양주
	순미음양주	60% 이하	음양주
	순미주	70% 이하	본양조주
보통주		도정 수준	보통주

22 맛있는 미소를 만드는 곰팡이의 역할은 무엇일까?

미소는 일본인의 식탁에 빠지지 않는 조미료로, 지역마다 각기 다른 종류의 미소가 존재한다. 그런데 곰팡이가 미소를 만든다는 사실을 알고 있는가? 미소와 곰팡이의 관계를 알아보자.

일본 각지의 미소

일본에는 전국 각지에 다양한 종류의 미소(일본식 된장)가 있는데, 크게 세 가지로 나눌 수 있다. 첫째는 각지에서 널리 만들어지고 있는 쌀미소다. 쌀미소는 쌀에 누룩곰팡이를 넣어 만드는 쌀누룩에 콩과 소금을 더해 만드는 미소다. 하얀 미소와 붉은 미소, 단맛과 매운맛 등 각지에 여러 유형이 존재한다.

둘째는 콩으로 만드는 콩미소다. 아이치현의 미카와 지방 등에서 만드는 핫초미소가 유명한데, 콩에 직접 누룩곰팡이를 발라 만드는 콩누룩에 콩과 소금을 더해 만드는 미소다. 수분이 적고 풍미가 풍부한 것이 특징이다.

셋째는 규슈 지방, 주고쿠 지방 서부, 시코쿠 지방 일부 지역에서 주로 만드는 보리미소다. 보리를 사용해 만드는 보리누룩에 콩과 소금을 더해 만드는 미소다. 옅은 색에 단맛이 나는 것이 특징이다.

그 밖에도 특이한 미소가 각지에 다수 존재한다. 지역에 따라 미소를 만드는 방법이 다양하고, 같은 제조법이라도 지역이 다르면 맛

과 향이 달라진다. 과거에는 각 가정마다 독자적인 고유의 미소를 만들어 먹었다.[1]

맛있는 미소를 만드는 방법

미소는 어떻게 만들까? 먼저 쌀누룩을 만드는 것으로 시작한다. 좋은 쌀을 골라 그것을 찐 뒤 쌀에 종균이라는 누룩곰팡이를 묻힌다. 그리고 누룩곰팡이가 묻은 쌀을 약 48시간 동안 묵히면, 이것이 번식해 누룩이 발생한다. 이때 사용되는 누룩곰팡이는 노란 누룩곰팡이라는 것이다.

다음으로는 콩을 삶는다. 삶은 콩을 으깨어 펼쳐 열을 빼낸 뒤 적정 비율의 쌀누룩, 콩, 소금을 용기에 담는다. 발로 밟는 등의 방법으로 최대한 공기가 들어가지 않게 해 용기 속에 넣는데, 이때 공기가 들어가지 않게 함으로써 잡균의 활동을 억제하고 누룩곰팡이, 유산균, 효모가 활동할 수 있게 하는 중요한 작업이다. 용기에 담긴 미소의 원료는 천천히 숙성되어 독특한 색, 맛, 향을 내는 맛있는 미소로 완성된다.

하얀 미소와 붉은 미소

미소에는 하얀 미소와 붉은 미소가 있는데, 둘의 차이는 만드는 방법에 있다. 하얀 미소는 콩을 삶은 뒤 콩과 삶은 물을 분리시키는 반

1 냉장고가 없었던 과거에는 보존이 어려운 경우도 있었기 때문에 염분이 너무 많이 첨가되어 맛이 없는 미소가 만들어지는 사례도 있었다.

면, 붉은 미소는 콩을 찐 뒤 찐 콩 모두를 사용한다. 미소의 갈색은 콩의 성분이 화학 반응을 일으켜 만들어지는 것으로, 제조법의 차이로 인해 성분에 차이가 생겨 색이 달라진다. 숙성시키는 기간도 중요한데, 기간이 길어지면 색이 짙어져 붉은 미소가 된다.

미소의 풍미

미소의 원료인 콩에는 풍부한 단백질과 전분이 들어 있다. 누룩곰팡이가 지닌 효소는 단백질을 분해해 아미노산을 만들고 전분을 분해해 당을 만든다. 아미노산은 감칠맛을, 당은 단맛을 내는 근원이다. 또 제조 과정에서 들어간 내염성 효모나 내염성 유산균의 활동으로 발생하는 알코올이나 젖산이 독특한 풍미를 추가시킨다. 젖산의 적당한 신맛은 다른 잡균의 번식을 억제해 미소의 부패를 막아주기도 한다.

미소와 건강

미소에는 암을 억제하는 효과와 당뇨병, 고혈압을 예방하는 효과가 있다는 사실이 연구를 통해 밝혀졌다.[2] 또 미소를 넣고 끓인 국은 다른 식품에 비해 염분이 적다는 특징이 있는데, 채소 등의 재료를 많이 넣어 끓이면 국물이 줄어들어 염분 섭취량을 줄일 수 있다.

---

2 미소를 넣어 끓인 국을 매일 섭취하는 그룹과 그렇지 않은 그룹 사이에는 본문에서 언급한 병의 증상에 차이가 있었으며 미소를 넣어 끓인 국을 섭취하는 사람이 암, 당뇨병, 고혈압에 걸릴 가능성이 낮다는 결과가 보고되었다.

23 연간장이 염분 농도가 가장 높다?

일본 음식에서 많이 사용되는 간장 역시 미생물의 활동으로 만들어진다. 간장이 만들어지는 방법을 알아보자.

누룩 만들기

일본 간장을 만들 때는 주된 원료인 콩과 밀에 누룩곰팡이를 피우는 것부터 시작한다. 누룩곰팡이는 수많은 물질을 분해하는데, 찐 콩의 주성분인 단백질을 분해해 아미노산을, 밀의 주성분인 전분을 분해해 당을 만든다. 누룩을 만들 때 중요한 과정은 누룩곰팡이를 피운 뒤 잠시 놔두면 누룩곰팡이가 균사를 뻗으며 성장하는데, 이때 공기를 집어넣기 위해 휘저어주는 작업이 가장 중요하다.

담그기

완성된 간장 누룩에 식힌 식염수를 붓는데, 누룩과 식염수가 섞인 것을 간장덧이라고 한다. 이것을 탱크 안에서 냉각하면서 숙성시킬 때 활약하는 것이 바로 유산균이다. 젖산 발효를 통해 간장덧은 산성에 가까워지고, 다른 세균류가 활동하기 어려운 환경이 된다.

다음으로는 효모를 추가한다. 효모는 밀이 분해되어 발생한 당을 분해해 알코올을 만드는데, 알코올은 방금 전까지 활약하던 유산균이 만들어낸 다양한 유기산에 반응해 간장의 풍부한 향기와 감칠맛을 만든다. 효모가 오랫동안 일을 할수록 간장의 맛은 깊어지므로, 숙성기간이 긴 간장이 깊은 맛을 내게 된다.

간장덧 짜기

간장덧은 숙성을 완전히 마치면 드디어 짜는 작업에 들어간다. 나무틀에 간장덧을 올린 천을 몇 겹씩 겹쳐 올리면, 그 무게에 간장덧이 눌려 액체 성분이 흘러나온다. 그런 다음 외부에서 힘을 주어 압축해 완전히 짜는데, 이때 나오는 것이 생간장이다. 완전히 짜내고 남은 고체 부분은 간장박이라고 하며 가축의 사료 등으로 사용된다.

열처리하기

생간장에는 수많은 미생물이 살아 있는 상태로 들어 있다. 단기간이라면 문제가 없지만, 이대로라면 미생물 무리가 생간장의 풍미를 계속 변화시키게 되므로, 순간 고온살균이나 색의 조정 등을 실시한다. 이것을 여과해 병에 담으면 상품으로서의 간장이 완성된다.

간장의 종류

일본의 간장은 크게 다섯 가지로 나뉘는데, 각 간장의 특징을 살펴보면 다음과 같다.

▼ 진간장

일본 간장 중 80% 이상을 자치하는 가장 보편화된 대표적인 간장이다.

▼ 연간장

식염을 많이 사용해 발효시킨 연한 색의 간장이다. 맛이 연하다는 뜻이 아닌 색이 연해 연간장이라고 부르며, 색이 연한 까닭에 재료의 색을 살리고자 하는 요리에 주로 사용된다. 염분이 높은 것이 특징이다.

▼ 맛간장(다마리간장)

주부 지방의 진한 색의 간장으로, 독특한 걸쭉함이 있다. 농후한 감칠맛과 독특한 향을 가지고 있다.

▼ 두 번 담근 간장

산인 지방이나 규슈 북부에서 사용되는 맛과 향이 강한 간장이다. 누룩에 식염수를 부어 담그는 다른 간장과 달리, 같은 단계에서 생간장을 사용해 담그기 때문에 두 번 담근 간장이라고 한다.

▼ 하얀 간장

연간장보다 색이 더 연한 호박색의 간장이다. 단맛이 강하며 독특한 향기가 있다.

건강과 관련해 간장의 염분이 신경 쓰이는 사람도 있을 것이다. 참고로 식염 함유량은 연간장 18%, 진간장 16%, 저염간장 9% 정도다. 필요에 따라 적절히 구분해서 사용하기를 추천한다.

24 빵과 팬케이크의 차이점은 무엇일까?

빵과 팬케이크는 모두 밀가루를 사용해 구운 음식이다. 그런데 팬케이크는 금방 구울 수 있지만 빵은 손이 많이 가고 시간도 오래 걸린다.

원료로 살펴보는 빵과 팬케이크의 차이점

잘 구워져 먹음직스럽게 부풀어 오른 빵과 팬케이크의 단면을 보면 스펀지 모양임을 알 수 있다. 그 단면의 틈새는 어떻게 만들어질까? 먼저 빵과 팬케이크의 원재료를 살펴보면 다음과 같다.

- **빵** : 밀가루, 물, 설탕, 드라이이스트
- **팬케이크** : 밀가루, 우유, 설탕, 달걀, 베이킹파우더

가장 큰 차이는 드라이이스트와 베이킹파우더에 있다. 드라이이스트는 이스트균(효모균)이라는 미생물을 건조시켜 휴면 상태로 만든 것이고, 베이킹파우더는 탄산수소소듐(나트륨)과 산성제(주석산 등)를 주소재로 만든 것이다.

팬케이크가 부풀어 오르는 이유

팬케이크를 만드는 방법은 간단하다. 모든 재료를 섞어 반죽을 만든 뒤 프라이팬에 부어 중간불로 가열한다. 그러면 반죽이 점점 부풀어

오르는데, 어느 정도 구워졌을 때 뒤집어 구워주면 완성이다. 이때 반죽이 부풀어 오르는 이유는 반죽 속에서 탄산수소소듐과 주석산이 반응해 이산화탄소가 발생하기 때문이다.

빵이 부풀어 오르는 이유

이스트를 사용하는 빵은 굽기 전 발효라는 단계를 거치게 되는데, 이 발효에 이스트가 사용된다. 이스트는 반죽과 함께 넣은 당을 영양분 삼아 이것을 분해하고, 이때 이산화탄소나 알코올 등이 만들어진다. 발효는 이스트가 가장 활동하기 좋은 30~40℃ 정도에서 진행되며, 대부분 두 번째 발효를 마친 반죽이 구워져 빵이 된다. 오븐에 들어간 반죽은 고열에서 구워져 훨씬 크게 부풀어 오르는데, 이유는 반죽 속에 생긴 이산화탄소의 기포가 가열되어 팽창하기 때문이다.

밀가루에 물을 붓고 섞으면 밀가루에 들어 있는 글리아딘과 글루테닌이라는 두 단백질이 점성과 탄성을 겸비한 물질(글루텐[1])로 변한다(섞는 방식을 바꾸면 빵, 우동, 케이크, 밀기울 같은 각기 다른 제품을 만들 수 있음). 글루텐의 끈기는 이스트가 만들어낸 이산화탄소의 기포가 터지지 않도록 유지시키는데, 빵을 구울 때 강력분을 사용하는 이유가 글루텐이 더 많이 들어 있어 이 틈새를 유지시키기 때문이다.

이스트는 가장 활동하기 좋은 온도를 넘겨 60℃ 정도가 되면 활

---

1 글루텐이 원인이 되어 몸에 이상을 일으키는 병 때문에 최근 들어 '글루텐 프리' 식재료가 화제가 되고 있는데, 이 병이 의심될 경우 병원을 찾아 진찰을 받아야 한다. 이 병이 의심되지 않는 사람이 글루텐을 피하는 것은 과학적으로 근거가 없는 행동이며 오히려 영양 상태를 악화시키는 등의 위험이 있다.

동하지 않으며, 오븐 속 온도는 100℃가 넘기 때문에 모든 이스트는 타서 죽게 된다.

빵(왼쪽)과 팬케이크(오른쪽)

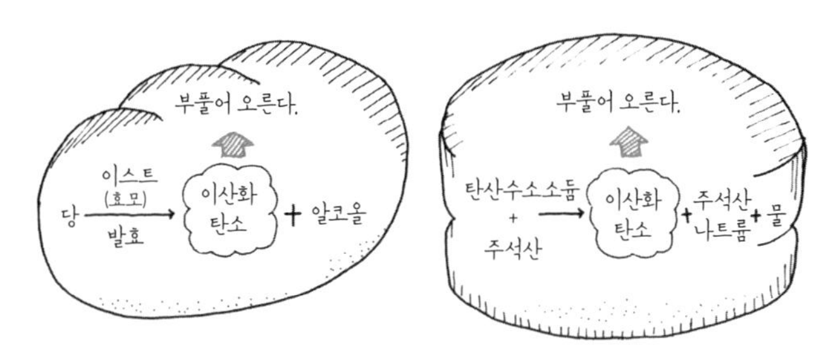

빵과 팬케이크는 재료와 만들어지는 방식이 다르다.
(이산화탄소 때문에 부풀어 오르는 것은 같음)

천연 효모와 드라이이스트

천연 효모로 만든 빵을 종종 볼 수 있는데, 천연 효모란 무엇일까? 사실 효모라는 것은 생물의 분류명이 아니며, 핵을 가진 미생물 중 운동성이 없는 것을 뭉뚱그려 효모라고 한다.

드라이이스트는 이 효모를 공업적으로 순수 배양해 건조시킨 것이다. 천연 효모는 포도 등의 과일에 붙어 있는 효모로, 순수 배양된 것이 아니기 때문에 온도 관리 등이 어렵고, 발효 능력도 드라이이스트와 비교하면 약하기 때문에 손이 많이 간다. 다만 독특한 풍미를 만드는 특징이 있다.

25 맥주의 거품은 미생물이 토해내는 숨이다?

많은 사람이 맥주의 거품을 중요하게 생각한다. 맥주 거품의 성분은 다른 발포 음료와 마찬가지로 이산화탄소로 이루어져 있다.

맥주의 성분

맥주는 맥아, 홉, 쌀, 옥수수 녹말로 이루어져 있다. 맥주를 만드는 공정은 다음과 같다.

① 보리를 발아시켜 맥아를 만든 뒤 건조시켜 성장을 중지한다. 여기에서 뿌리 등을 제거한 것이 몰트다.

② 맥아를 으깨서 쌀이나 옥수수 녹말 등과 함께 삶으면 전분이 맥아에 의해 분해되어 맥아당이 된다. 이 액체에 홉을 추가해 탱크에 넣는데, 이것을 맥즙(wort)이라고 한다.

③ 맥즙에 맥주 효모를 넣고 1주일 정도 방치하면 효모는 맥아당을 영양분 삼아 이산화탄소와 알코올을 만든다. 이것을 여과해 병에 담은 것이 맥주다.

맥주 효모는 만드는 도중 맥주 표면에서 활발하게 활동하는 상면 발효 효모와 마지막에 맥주의 바닥에서 활동하는 하면 발효 효모가 있으며, 이들의 균형 등이 맥주의 풍미를 만들게 된다.

맥주 거품의 정체

맥주의 거품은 맥주 효모가 활동한 결과 만들어진 것으로, 이산화탄소로 이루어져 있다. 그리고 맥주처럼 효모의 호흡을 통해 발생한 이산화탄소가 들어 있는 술로는 샴페인과 발포성 청주 등이 있는데, 이런 술의 경우 거품이 장시간 지속되지는 않는다. 그런데 맥주의 거품은 왜 오랫동안 사라지지 않을까? 그 이유는 맥주의 성분에 있다. 맥아에 들어 있던 단백질과 홉에 들어 있던 이소후물론이라는 수지 성분이 결합해 비교적 강한 거품이 만들어진다. 맥주를 마신 뒤에 남아 있는 거품을 맛보면 강렬한 쓴맛을 느낄 수 있는데, 맥주 거품에 쓴맛 성분이 모여 있기 때문이다.

또한 거품은 맥주를 공기로부터 차단시킨다. 시각적인 효과와 더불어 공기로부터 차단시키는 효과를 통해 맥주 본연의 맛을 거품이 사라지기 전까지 지속시켜주는 것이다.

맥주를 맛있게 마시는 방법

맥주를 5~8℃ 정도로 차갑게 해서 마시면 상쾌한 목 넘김을 느낄 수 있다. 유분이 있으면 맥주의 거품이 사라지므로, 컵을 미리 잘 씻어 유분을 없애는 것이 중요하다.

26

포도주는 어떻게 만들까?

포도주는 물을 추가하지 않고 포도만으로 만드는 술로, 색과 풍미의 차이는 포도의 품종과 만드는 방법에 따라 결정된다.

백포도주와 적포도주

투명감이 있는 백포도주는 껍질과 씨앗을 제거한 포도즙을 발효시켜 만든다. 적포도주는 검은 껍질을 가진 포도를 껍질과 씨앗째 으깨서 발효시켜 만든다. 껍질에서는 붉은 색소가, 씨앗에서는 쓴맛 성분인 탄닌이 나와 색과 떫은맛이 있다. 로제 포도주는 적포도주의 양조 공정 중 껍질 부분을 제거하거나, 검은 포도를 이용해 적당한 색이 될 때까지 껍질도 함께 짜낸 뒤 양조해 만든다. 이 세 포도주 모두 포도즙으로 만든다는 점은 동일하다.

효모의 활약

포도주를 만들 때 사용되는 효모는 사카로미세스 세레비시아라는 그룹의 효모로, 포도즙의 당분을 이용해 에탄올과 여러 성분을 만들어낸다. 알코올은 에탄올만 있는 것이 아니며, 효모는 포도즙을 이용해 20종류가 넘는 알코올을 만들어낸다. 또 어떤 효모를 사용하느냐에 따라 향과 탄닌의 떫은맛을 이끌어내는 방식도 달라진다. 즉, 포도주의 품질은 포도와 효모 양쪽 모두에 따라 달라질 수 있다.

효모의 종류

포도주 업계에서도 빵과 마찬가지로 천연 효모가 좋은가, 배양 효모가 좋은가라는 논쟁이 있다. 천연 효모는 포도 껍질에 붙은 균을 사용하는 것으로, 균 중에는 에탄올을 만드는 작용 외에 다른 작용을 하는 균이 있을 가능성도 있다. 그래서 이런 균의 작용을 피하기 위해 목적에 맞는 효모를 배양해 사용한다. 요즘에는 실패 없이 원하는 포도주를 만들기 위해 배양 효모를 사용하는 일이 많다. 유전자 조작 효모도 등장해 단기간에 효율적으로 포도주를 만들 수 있다.

값비싼 귀부 포도주

기상 조건이나 포도의 숙성도 등이 맞을 경우 포도의 껍질에는 보트리티스 시네레아라는 곰팡이가 번식한다. 귀부균이라고도 하는 이 곰팡이는 본래 포도의 껍질 표면을 뒤덮고 있는 왁스를 분해한다. 그러면 과실의 수분이 증발하고, 그 결과 당분이 농축되어 독특한 풍미가 만들어지게 된다. 그리고 이 과즙을 발효시킨 것이 바로 달콤하기로 유명한 귀부 포도주다.

포도주의 성분 표시에는 대부분 아질산염이 적혀 있다. 아질산염은 포도주의 산화를 억제하고 품질을 떨어트리는 미생물의 번식을 억제한다.[1]

---

1 생굴을 먹을 때 포도주를 마시는 습관이 있는 유럽 국가들의 조사를 보면 생굴에 들어 있는 식중독 원인균을 포도주가 감소시킨다는 결과가 있다.

27 아세트산균은 디저트부터 첨단 소재까지 만든다?

요리를 할 때 빼놓을 수 없는 조미료 중 하나인 식초는 우리나라뿐 아니라 외국에서도 비니거라는 이름이로 흔히 사용된다.

식초를 만드는 아세트산균

식초와 비니거는 사용되는 나라는 다르지만, 신맛과 코를 찌르는 특징적인 향은 동일하다. 바로 이 신맛과 특징적인 향의 주성분이 아세트산이다.

식초의 원료는 주로 곡물이나 과일이다. 곡물이나 과일을 효모로 발효시키면, 맥주나 포도주를 만들 때와 마찬가지로 에탄올이 포함된 액체가 발생한다. 즉, 술이 만들어지는 것이다. 식초를 만들 때는 이 술에 아세트산균을 추가하는데, 아세트산균이 에탄올을 산화시켜 아세트산을 만들게 된다. 아세트산균은 비교적 산성 환경을 좋아해 활발하게 활동한다.

아세트산균은 자연계에도 많이 존재한다. 이를테면 도수가 낮은 술 등을 방치하면, 표면에 아세트산균의 막이 형성되면서 서서히 식초가 되어버리는 경우가 종종 있다. 아세트산균은 호기성 세균으로, 공기가 계속 공급되는 상태로 만들면 효율적으로 번식해 대량의 아세트산을 만들 수 있다.

포도주 식초

앞서 도수가 낮은 술을 아세트산균이 분해한다는 이야기를 했는데, 대표적인 예가 포도주에서 만들어지는 포도주 식초(식초로 사용되는 포도즙)다.

포도주가 시간이 지나면 식초로 바뀐다는 사실은 비교적 오래전부터 알려져 있었다. 희석한 포도주를 병에 담아 식초를 만들거나, 아세트산균을 부착시킨 필터에 방울방울 포도주를 떨어트려 효율적으로 식초로 바꾸는 방법 등이 개발되었다. 포도주 식초 중 특히 장시간 숙성시킨 것이 이탈리아의 발사믹 식초다.

아세트산균이 만드는 또 다른 재료

아세트산균은 셀룰로오스라는 섬유도 만들 수 있다. 나타데코코는 아세트산균이 야자열매 속에 있는 코코넛 물에서 만들어낸 음식으로, 포도당 등이 사슬 모양으로 길게 연결되어 있다. 섬유가 만드는 치밀한 연결 구조가 쫀득쫀득한 식감을 내는 것이다.

아세트산균 같은 박테리아가 만드는 셀룰로오스는 섬유가 매우 작고 치밀하게 연결되어 있기 때문에 강도가 높고 생물 분해성도 높아 음향 진동판, 인공 혈관, 창상 피복재, 자외선 차단 소재 등 다양한 소재로 사용된다. 즉, 아세트산균은 디저트부터 첨단 소재까지 만들고 있다.

가쓰오부시의 맛과 향은 미생물 덕분이다?

가쓰오부시를 만드는 데는 몇 개월의 긴 시간이 필요하다. 이 과정에서 가장 중요한 것이 곰팡이 피우기라는 공정으로, 여러 번 반복함으로써 감칠맛과 풍부한 향을 내는 가쓰오부시가 완성된다.

가쓰오부시를 만드는 과정

가쓰오부시의 '부시'는 생선살을 찐 뒤 배건(가열 건조)한 것을 뜻한다. 일본에서는 옛날부터 잡은 생선을 부시로 만들어 보존해왔다. 가쓰오부시는 다음과 같은 복잡한 공정을 거쳐 만들어진다.

가쓰오부시의 제조 공정

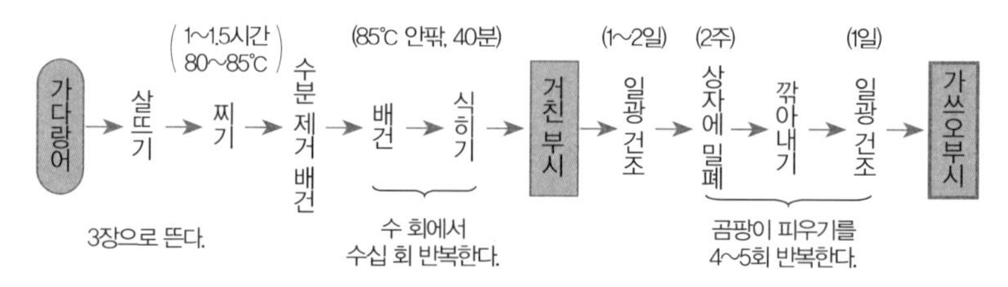

출처 : 무라오 사와오 등 『생활과 미생물 개정판』 바이후칸(1991), p.59

가쓰오부시 곰팡이의 놀라운 활약

가쓰오부시를 만드는 공정에서 가장 중요한 것은 곰팡이 피우기다. 이때 사용되는 곰팡이(가쓰오부시 곰팡이)는 누룩곰팡이의 일종으로, 다음과 같은 중요한 일을 한다.

▼ 수분을 조금씩 제거한다.

가쓰오부시가 장기간 보존 가능한 이유는 건조시켰기 때문이다. 배건을 통해 수분이 20~22%까지 감소하지만, 이 정도의 수분만 있어도 썩어버리기 때문에 장기간 보존이 불가능하다. 그런데 곰팡이 피우기를 하면 성장을 위해 수분이 필요한 표면의 곰팡이들이 부시 속의 수분을 천천히 빨아들이게 된다. 그 덕분에 장기간 보존이 가능하다.

▼ 필요 없는 기름을 제거한다.

가쓰오부시를 사용해 우려낸 물에는 기름이 뜨지 않는다. 가다랑어에는 대량의 기름(지질)이 포함되어 있는데, 가쓰오부시 곰팡이는 리파아제라는 효소를 생산해 지질을 지방산으로 분해하고, 이 지방산은 곰팡이가 성장하는 데 사용된다.

▼ 지질의 산화를 막는다.

가쓰오부시에는 고도 불포화 지방산이 많이 들어 있는데, 특히 도코사헥사엔산(DHA)이 전체 지질의 25% 이상을 차지하고 있다. 그런데 곰팡이 피우기를 한 뒤의 가쓰오부시는 가쓰오부시 곰팡이가 지질을 분해할 때 항산화 물질을 만들어내기 때문에 장기간 보존해도 산화되어 품질이 나빠지는 현상이 일어나지 않는다.

▼ 특유의 향을 만든다.

가쓰오부시를 우려낸 물을 사용한 요리가 맛있는 이유는 감칠맛과 더불어 복잡하면서도 오묘한 향이 나기 때문이다. 방금 깎아낸 가쓰오부시가 내뿜는 좋은 향기의 성분은 400종류가 넘는다고 알려져 있다. 가다랑어 자체의 향, 찌는 공정에서 마이야르 반응[1]을 통해 발생하는 향, 배건할 때의 훈연향, 그리고 곰팡이 피우기가 더해져 가쓰오부시 특유의 향이 완성된다.

---

1 당과 아미노산을 가열했을 때 겉에 갈색의 물질이 발생하는 반응으로, 종종 특유의 향을 내는 물질이 발생한다. 식빵을 구웠을 때 탄 자국이 생기는 것도 마이야르 반응 때문이다.

29 떠먹는 요구르트의 신맛과 끈끈함은 왜 생길까?

떠먹는 요구르트는 유산균이 우유를 발효시켜 만든 것으로, 우유나 유산균의 차이에 따라 다양한 종류를 만들 수 있다.

유산균이란?

유산균은 탄수화물의 발효를 통해 자신이 살아가기 위해 필요한 에너지를 얻고, 이때 젖산을 생성하는 세균이 바로 유산균이다. 젖산을 생성하는 세균에는 여러 가지가 있지만, 소비한 탄수화물에서 50% 이상의 비율로 젖산을 만드는 세균을 유산균이라고 한다. 유산균에는 간균, 쌍구균, 연쇄상 구균 등 다양한 종류가 있다(세균의 형태에 따른 분류는 201쪽 참조).

유산균은 떠먹는 요구르트 외에 발효 버터, 치즈(숙성형), 식해, 절임, 된장, 간장 등 다양한 식품을 만들어낸다. 그리고 이런 유산균의 활동을 발효라고 한다. 다만 청주를 양조할 때 유산균이 증식하면 화락(火落)이라는 중대한 품질이 나빠지는 현상이 일어나며, 이 경우에는 부패되고 만다.

떠먹는 요구르트를 만드는 방법

떠먹는 요구르트를 만들려면 가열 살균한 우유(한국에서는 우유를 사용하지만 산양젖, 양젖, 말젖 등을 사용하는 나라도 있음)에 배양한 유산균을 넣고 알맞은 온도에서 발효를 진행한다. 유산균이 증식하면 상큼한 신맛이 생기고, 산에 유단백질이 응고되어 푸딩 같은 상태가 된다.

떠먹는 요구르트의 독특한 향은 락토바실러스 불가리쿠스라는 유산균이 만든 아세트알데히드로 인해 발생한다. 또 발효되면서 산성이 강해지면 식중독균 등의 유해 미생물이 살 수 없게 되어 떠먹는 요구르트의 안전성과 보존성이 높아진다.

동양인 중에는 우유에 들어 있는 젖당을 분해하지 못해 복통을 일으키는 젖당불내증(유당불내증)이 있는 사람이 많은데, 발효를 시키면 젖당이 분해되기 때문에 떠먹는 요구르트의 경우 젖당불내증이 있는 사람도 무리 없이 먹을 수 있다.

카스피해 떠먹는 요구르트의 끈끈함

카스피해 떠먹는 요구르트는 카스피해와 흑해 근처에 위치한 캅카스 지방에서 가져온 균으로 만든 떠먹는 요구르트다. 일반적으로 유산균이 활발하게 활동하려면 40℃ 정도의 온도가 필요한데, 카스피해 떠먹는 요구르트를 만드는 유산균은 그보다 훨씬 낮은 온도(20~30℃)에서도 쉽게 증식한다.

카스피해 떠먹는 요구르트의 특징인 끈끈함은 락토코커스 락티스 아종 크레모리스라는 균이 만들어내는데, 이 균이 다당류를 만들기 때문에 젤라틴 같은 걸쭉한 식감이 된다.

발효 버터는 버터를 발효시켜서 만드는 것이 아니다?

슈퍼마켓의 유제품 진열대에 가면 일반 버터를 비롯해 무염 버터와 발효 버터를 볼 수 있다. 이런 버터들의 차이점은 무엇인지 알아보자.

버터란?

버터의 원료는 우유다. 우유에는 유지방분이 들어 있는데, 일반적으로 시중에 판매되는 우유는 맛을 안정시키기 위해 유지방분을 잘게 부수는 균질화 작업을 거친다. 알갱이가 작아진 유지방분은 서로 달라붙지 않은 채 계속해서 우유 속을 떠다니게 된다.

한편, 버터의 원료로 사용되는 우유는 유지방 알갱이를 잘게 부수는 처리를 하지 않는다(균질화 작업을 하지 않음). 그래서 다양한 크기의 유지방 알갱이가 들어 있다. 버터를 만들 때는 잘 식힌 우유를 계속 저어주면, 유지방분 입자끼리 합체해 알갱이가 커져 지방분 덩어리가 된다. 이것이 바로 버터다. 이렇게 완성된 지방분 덩어리에 식염을 추가한 것이 일반 버터이고, 식염을 넣지 않으면 무염 버터가 된다.

발효 버터

시중에서 고급 버터로 판매되는 발효 버터는 어떻게 만들까? 고대에 만들어진 버터가 발견되어 화제가 된 적이 있는데, 사실 유럽에서는 상당히 오래전부터 버터를 사용해왔다. 냉장고가 없던 시절 우유를 안정적으로 보관할 방법이 없었던 터에 발효된 우유를 원료 삼아 만든 것이 바로 발효 버터다. 즉, 발효 버터는 일반 버터를 발효시켜서 만든 것이 아니다.[1]

버터를 사용한 역사가 긴 서양에서는 현재도 발효 버터가 주류를 이루고 있다. 일반 버터와 달리 발효를 통해 만들어진 물질들이 독특한 풍미를 만들어낸다.

집에서 발효 버터를 만들 수 있다?

생크림이나 비균질 우유(균질화 작업을 하지 않은 우유)를 차갑게 해서 계속 저으면 유지방분이 굳어 버터를 만들 수 있다. 집에서 버터를 만들려면, 먼저 우유에 유산균을 넣고 단시간(길어도 8시간 정도) 발효시켜 사워크림 상태로 만든다. 그리고 이것을 원료 삼아 버터를 만들 때처럼 잘 저어주면 발효 버터가 완성된다.

이처럼 버터는 우유의 유지방분을 농축시켜 만든다. 버터에는 지방 외에도 부족하기 쉬운 비타민 A가 우유의 10배 이상 들어 있다.

---

1 애초에 버터는 주성분이 지방이기 때문에 발효가 되지 않는다.

31
수많은 치즈의 차이점은 무엇일까?

치즈가 미생물의 활동으로 만들어진다는 사실은 이미 알려져 있다. 이런 치즈에는 수많은 종류가 존재하는데, 전 세계에는 1,000종 이상의 치즈가 있다고 한다.

동물의 내장이 치즈를 만들었다?

동물의 젖을 가공해 치즈를 만드는 방법은 선사시대까지 거슬러 올라간다. 동물을 가축으로 삼기 이전의 일일 가능성이 높다. 동물의 내장을 주머니로 활용하다 우연히 만들어진 치즈를 발견했다는 것이 정설이다. 그렇다면 동물의 내장에는 무엇이 있을까? 사실 소나 염소는 어릴 때 모유를 소화하기 위해 다양한 효소를 분비하는데, 이것을 레닛이라고 한다. 레닛이 남아 있었던 내장에 우유를 담아 운반하던 중 치즈가 만들어진 것이 아닐까 추측된다.

현재도 고급 치즈를 만들기 위해 송아지가 분비하는 레닛을 사용하는 경우가 있지만 대부분은 대용품을 사용한다. 바로 곰팡이로 만드는 일명 미생물 레닛이다. 레닛의 활동으로 우유 속 카세인이라는 단백질이 응집해 치즈의 바탕이 된다.

프레시 치즈

모차렐라 치즈 등의 프레시 치즈는 우유 속 카세인이라는 단백질을 굳힌 것이다. 우유 속에는 단백질 외에도 여러 물질이 들어 있는데,

우유 단백질은 레닛, 식초, 레몬즙 등으로 굳힐 수 있다. 따뜻한 우유에 이런 물질을 넣으면 단백질이 응집해 커드가 되고, 이 부분을 굳힌 것이 바로 프레시 치즈다.

흰곰팡이 치즈

카망베르 치즈 등으로 유명한 것이 표면에 곰팡이가 생긴 치즈다. 이 치즈의 곰팡이로 사용되는 것은 푸른곰팡이의 일종으로, 곰팡이 세력이 커지면 치즈의 안쪽이 점점 분해되어 암모니아 같은 냄새가 난다. 곰팡이가 살아 있는 상태인 흰곰팡이 치즈는 유통기한을 주의해서 살펴야 한다. 또 캔 등에 밀폐되어 있는 흰곰팡이 치즈는 곰팡이가 죽은 상태이므로 발효가 진행되지 않다.

푸른곰팡이 치즈

고르곤졸라 등으로 유명한 푸른곰팡이 치즈(블루 치즈)는 푸른곰팡이를 치즈 전체에 피워 숙성시킨 것이다. 곰팡이의 성장에는 공기가 필요해 응유를 눌러서 굳히지 않기 때문에 공기가 많이 들어 있는 상태로 만드는 것이 특징이다.

프로세스 치즈

지금까지 설명한 대표적인 치즈 외에도 여러 치즈가 있는데, 일반적으로 많이 유통되는 프로세스 치즈가 있다. 프로세스 치즈란 다양한 종류의 천연 치즈를 혼합해서 가열하여 녹인 뒤 냉각시킨 치즈다. 곰팡이나 세균류가 죽어버리기 때문에 더 이상 숙성되지 않아 장기간 보존에 적합하다. 한편, 발효를 통해 만들어지고 지속해서 발효가 진행되는 '살아 있는 치즈'를 천연 치즈라고 한다.

치즈 100g을 만들기 위해서는 우유 1,000g이 필요하다. 즉, 우유의 유효 성분이 그만큼 응축되어 있는 셈이다. 반면, 염분이 높은 치즈도 있으므로, 염분이 신경 쓰이는 사람에게는 염분이 낮은 크림치즈 등의 프레시 치즈를 추천한다.

32 절임은 채소를 보관하는 지혜였다?

맛있고 다채로운 절임 반찬만 있어도 밥 한 공기는 뚝딱 해치울 수 있다. 이처럼 맛있는 절임에도 미생물이 관여하고 있는 경우가 많다.

부패를 방지하는 지혜

절임은 오이, 무, 양파 등의 채소류와 어패류를 식염, 술지게미, 식초, 쌀겨 등을 함께 절여 일정 기간 묵힌 뒤 꺼내 먹는 식품이다. 절임에는 맛이 스며들면 금방 꺼내 먹는 유형과 1개월에서 반년 정도 숙성시킨 뒤 꺼내 먹는 유형이 있다. 금방 꺼내 먹는 유형은 발효를 동반하지 않지만 숙성시켜 먹는 유형은 발효를 동반하는 것이 많은데, 이때 미생물이 내뿜는 산의 활동으로 채소의 부패를 막는다.

노자와나 절임을 예로 들어, 절임 만드는 방법을 살펴보면 다음과 같다. 노자와나는 일본 나가노현에서 자라는 특산 채소다. 먼저 늦가을에 신선한 노자와나를 채취해 대량의 식염과 나무통에 교대로 담고, 마지막에는 위에 무거운 돌 같은 것을 올린다. 1~2일이 지나면 삼투압 때문에 노자와나에서 물이 배어 나온다. 담근 지 얼마 되지 않은 노자와나는 선명한 녹색을 띠며 맛도 단순하지만, 3개월 정도가 지나면 노란빛을 띠는 색으로 변하며 신맛과 감칠맛이 더해져 풍부한 맛이 된다. 절인 노자와나는 약 반년 동안 먹을 수 있다. 절이지 않으면 썩거나 시들어버리지만 절임으로써 부패를 방지할 수 있다.

진기한 절임

절임 중에는 소금을 전혀 사용하지 않는 것도 있다. 나가노현의 기소 지방에서 전해지는 슨키 절임이 바로 그것이다. 슨키 절임은 유채과 채소의 잎을 나무통에 담아 절이는데, 이때 건조시킨 슨키 절임을 함께 담는다. 이것이 일종의 스타터(발효를 시작하기 위해 넣는 미생물) 역할을 해서 절임의 산성도를 높이고, 잡균의 번식을 억제하며 유산균의 번식을 돕는다.

절임의 맛을 만드는 미생물

발효를 동반하는 절임에는 어떤 미생물이 관여할까? 절임에서 많이 활동하는 미생물은 유산균이다. 유산균에도 여러 종류가 있는데, 이 경우 식물의 성분을 주로 분해하는 유형의 유산균이 활동한다. 절임이 만들어진 뒤에는 한동안 다양한 세균이 번식하는데, 유산균 중에서도 유산 구균이라고 부르는 종류의 세균이 함께 번식한다. 시간이 지나면서 절임의 산성도가 높아지면 많았던 세균의 수는 감소하고, 대신 유산 간균이라는 종류의 유산균과 효모의 수가 늘어난다.

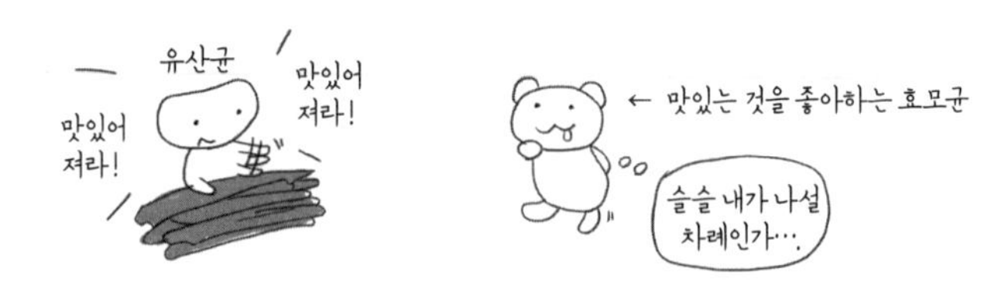

유산균이 늘어나면 신맛이 증가해 채소 자체의 맛과는 다른 풍미를 낸다. 채소가 지니고 있는 전분이나 단백질도 미생물의 활동으로 분해되어 당이나 아미노산이 된다. 이 역시 감칠맛의 바탕이 된다.

절임과 건강

유산균 등의 활동으로 만들어진 절임은 우리 몸에 좋다는 인식이 있다. 이는 유산균이 몸에 들어옴으로써 장내 플로라의 균형을 맞춰준다는 생각 때문인데, 사실 절임을 먹는 정도로는 큰 영향을 끼치지 못한다. 그보다 절임을 많이 먹은 결과 염분을 과다 섭취할 위험성이 있으니, 어떤 식품이든 균형 있게 섭취하는 것이 건강에 좋다.

맛있는 김치는 유산균이 만든다?

맵고 시큼한 맛이 특징인 김치는 한국의 대표적인 음식이다. 이 김치를 만들 때도 유산균이 큰 활약을 한다.

겨울철 보존식

본래 김치는 채소가 부족한 겨울철을 대비해 만든 보존식이었다. 외국에서는 김치라고 하면 고춧가루를 사용한 배추 절임이라는 인식이 있는데, 배추뿐 아니라 오이를 사용한 오이김치, 무를 사용한 깍두기 등 종류가 다양하다. 김치의 본고장인 한국에는 훨씬 다양한 종류의 김치가 있다.

젖산 발효로 만드는 김치

가장 대표적인 배추김치가 만들어지는 방법을 살펴보면 다음과 같다. 김치를 담그기 전 배추를 물로 깨끗이 씻지만, 그래도 배추에는 여러 잡균이 붙어 있을 수 있다. 이때 활약하는 것이 바로 유산균이다. 유산균이 활동하면 젖산이 발생해 국물을 산성으로 만든다. 그러면 다른 잡균류가 번식하기 어려워지고, 배추에 들어 있던 물질에서 다양한 비타민 등이 만들어진다.

본래 김치는 추운 계절에 만드는데, 이 역시 유산균의 활동과 관계가 있다. 하지만 기온이 높아지면 아세트산균이 활동을 시작해 아세트산 발효가 일어난다.[1] 김치가 점점 시큼해지는 이유가 바로 이 때문이다.

액젓과 젓갈의 사용

김치를 만들 때는 액젓이나 젓갈을 사용한다. 액젓은 신선한 생선에 소금을 뿌려 발효시킨 것으로, 생선의 내장 등에 들어 있는 효소에 의해 단백질이 분해되어 감칠맛 성분인 글루탐산 등의 아미노산이 생성되어 걸쭉해진다.

한국에서는 멸치나 까나리 액젓을 많이 사용한다. 이 액젓의 동물성 단백질이 김치 특유의 깊은 맛을 만들어낸다. 각 가정마다 김치를 만들 때 보리새우나 오징어를 넣기도 하는데, 이 동물성 단백질 역시 발효를 통해 분해되어 감칠맛 성분으로 변한다.

1 기온이 낮으면 유산균이 우세하고 기온이 높으면 아세트산균이 우세하다.

34 낫토의 감칠맛과 끈끈함은 어디에서 만들어질까?

일본의 전통 식품인 낫토를 만드는 낫토균은 환경이 열악해지면 살아남기 위해 포자로 변신한다. 포자가 된 낫토균은 100℃ 이상의 고온에서도 살아남을 수 있다.

토양 속 고초균의 일종

일본의 전통 발효 식품인 낫토는 과거 콩을 삶아 볏짚 속에 넣어 보존하는 방법으로 불안정한 자연 발효를 통해 만들어졌다. 그래서 어떤 볏짚에서는 잘 만들어졌지만, 어떤 볏짚에서는 실패하는 일이 종종 있었다. 그러다 1884년 낫토에서 간균이 분리되어 낫토균(Bacillus natto)이라는 이름이 붙여졌고, 낫토의 품질은 스타터를 사용함으로써 안정되었다. 낫토균은 토양 속에 살고 있는 고초균의 일종이다. 현재는 낫토균의 포자를 증류수에 녹여 분산시킨 것이 스타터로 판매되고 있다.

가혹한 스트레스를 받으면 포자가 만들어진다?

미생물은 다양하게 변화하는 환경 속에서 끈질기게 살아간다. 이처럼 미생물은 위기의 환경 속에서 자신의 몸을 지키거나, 열악한 조건 아래에서도 살아남기 위한 유전자를 지니고 있다. 포자를 만드는 유전자도 그중 하나다.

자신의 주위에 영양원이 없어지면 대부분의 세포는 죽지만 낫토균은 변신해서 포자를 만든다. 포자는 포자각이라는 단단한 성분에 둘러싸여 있어 열, 건조, 방사선 등의 물리적 자극과 다양한 화학 약품에 강한 저항성을 지니고 있다.

낫토균을 스타터로 사용하려면 영양세포(분열을 반복하고 있는 상태의 세포)에 스트레스를 주고 살아남기에 부적합한 환경을 만들면 된다. 포자가 된 낫토균은 내열성을 지니고 있어서 100℃ 이상에서도 살아남을 수 있기 때문에 찐 콩이 85℃도 이상일 때 낫토균의 포자를 뿌리면 잡균의 혼입을 방지할 수 있다. 포자가 되어 휴면 중이던 낫토균은 찐 콩에 뿌려지는 순간, 즉시 발아해 영양세포가 되고 증식과 분열을 반복하면서 콩을 낫토로 바꾼다.

술을 담글 때는 낫토를 먹으면 안 된다?

낫토의 실에는 낫토균이 많이 들어 있다. 실에 있는 낫토균은 영양원이 부족해 환경이 나빠지면 포자가 된다. 술을 담글 때 이런 낫토균의 포자가 찾아오면, 술의 누룩은 일명 미끌누룩(ヌルリ麹)이라는 오염된 누룩이 되어버려 술에 막대한 피해를 가져온다. 그래서 술을 담그는 양조장에서는 낫토 먹는 것을 금지한다.

낫토의 감칠맛과 끈끈함

낫토의 품질에는 감칠맛과 끈끈함(낫토의 실)이 큰 영향을 끼친다. 감칠맛 성분에는 본래 콩에 들어 있었던 것과 낫토균의 작용으로 생겨난 것이 있다. 프로테아제(단백질 분해 효소) 활성이 높은 낫토균을 사용하면, 낫토에 들어 있는 아미노산이 증가해 감칠맛이 강해지는 것으로 알려져 있다.

낫토의 실은 폴리글루탐산(아미노산의 일종인 글루탐산이 길게 연결된 것)과 프락탄(다당류)이라는 두 고분자 화합물로 이루어져 있다. 끈끈함이 강할수록 낫토의 품질이 좋다고 하는데, 외국에서는 낫토의 실을 좋아하지 않는다고 해서 이 실이 길게 늘어나지 않는 낫토균이 개발되고 있다.

하늘을 나는 낫토균

일본 노토 반도의 3,000m 상공을 떠도는 낫토균으로 만든 낫토가 화제가 되어 비행기의 기내식으로도 제공되고 있다. 이 낫토는 맛이 부드럽고 냄새와 끈끈함이 적은 것이 특징이다.

처음 이 낫토균을 발견한 것은 중국에서 일본으로 날아오는 황사를 연구하던 팀이다. 미생물이 황사를 타고 날아오는지 실험하고자 수천 미터 고도의 공기를 채집했는데, 그 속에 살아 있는 낫토균이 들어 있었다. 삶은 콩에 이 낫토균을 섞어 발효시켰더니 성공적으로 낫토가 된 것이다. 연구팀은 중국 황하에서 날아온 미생물이 고대 일본에서 식품의 발효에 이용되는 등 발효 식품의 역사에 관여했을지도 모른다는 의견을 내놓았다.

35 감칠맛이란 무엇일까?

세계에서 인정받은 다섯 번째 맛인 감칠맛은 일본인이 처음 발견했다. 감칠맛의 바탕이 되는 글루탐산 등은 미생물의 활동으로 생산되어 조미료 등에 사용되고 있다.

감칠맛과 글루탐산의 발견

20세기 초만 해도 단맛, 신맛, 짠맛, 쓴맛 네 가지가 기본적인 맛으로 여겨졌다. 그러나 화학자이자 도쿄 데이코쿠대학교의 교수인 이케다 기쿠나에는 네 가지 맛과는 또 다른 기본적인 맛이 있다고 생각했고, 이 맛이 다시마를 우려낸 국물에서 강하게 느껴진다는 사실을 밝혀냈다. 그는 1908년 다시마에서 이 맛의 근원이 되는 성분인 글루탐산을 발견하고 감칠맛이라고 이름 붙였다. 그리고 감칠맛은 다섯 번째 기본 맛이 되었다.

글루탐산은 1866년 밀가루의 글루텐에서 발견되었는데, 이 맛에 대해 독일의 저명한 화학자인 에밀 피셔는 '맛이 없다'라고 표현했다. 아마 이케다가 글루탐산의 감칠맛을 발견할 수 있었던 이유는 다시마를 맛국물로 사용하는 일본 문화 때문이었는지도 모르겠다.

감칠맛의 상승 효과

글루탐산을 발견한 지 5년 뒤인 1913년 도쿄 데이코쿠대학교의 교수인 고다마 신타로는 가쓰오부시에서 두 번째 감칠맛 물질인 이노신산을 발견했다.[1] 그리고 1957년 야마사 간장연구소의 구니나카 아키라가 말린 표고버섯에서 세 번째 감칠맛 물질인 구아닐산을 발견했다. 글루탐산은 아미노산이지만 이노신산과 구아닐산은 핵산이라는 차이점이 있다.

1960년 구니나카는 글루탐산에 소량의 이노신산이나 구아닐산을 추가하면 감칠맛이 현저하게 강해진다는 사실을 발견하고, 이 현상을 감칠맛의 상승 효과라고 이름 지었다. 실제로 다시마 맛국물에 가쓰오부시나 말린 표고버섯을 넣고 끓이면, 다시마만으로 우린 물이나 가쓰오부시만으로 우린 물보다 훨씬 감칠맛이 강해진다.

감칠맛의 존재

몸무게가 50kg인 사람의 몸에는 약 1kg의 글루탐산이 들어 있다. 몸무게의 2%이니 굉장한 양이다. 그리고 약 1kg의 글루탐산 중 약 10g이 유리형(다른 물질과 결합되어 있지 않음)이고, 약 990g이 결합형(단백질이나 펩티드에 들어 있음)이다.

우리 몸이 성장하거나 유지되기 위해서는 음식물을 통해 단백질을 얻어야 한다. 글루탐산에서 감칠맛이 느껴진다는 것은 그것에 단백질이 있다는 표시며, 이노신산이나 구아닐산도 그것에 단백질을 포함한 세포가 있음을 알려주는 표시다.

---

1 이노신산 자체에는 맛이라는 것이 없으며, 이노신산이 아미노산의 일종인 히스티딘과 결합해 이노신산히스티딘염이 되어야 가쓰오부시의 감칠맛이 된다.

미생물을 이용해 생산하는 글루탐산

글루탐산은 1909년 일본에서 감칠맛 조미료[2]로 상품화되었는데, 밀가루 등의 단백질을 염산으로 가수분해해 얻는 방법이었다. 하지만 제2차 세계대전이 끝나고 식량난 속에서 귀중한 식재료를 원료로 사용한다는 비판과 더불어, 적은 글루탐산으로도 요리를 극적으로 맛있게 만듦으로써 영양 상태를 개선할 수 있다는 생각을 발단으로 미생물을 이용해 글루탐산을 생산하려는 연구가 시작되었다.

처음에는 생물에게 중요한 글루탐산을 과잉 합성해 이것을 세포 밖으로 배출하는 비상식적인 미생물이 정말 존재할지 의문스러웠다. 그런데 각지에서 채취한 약 500개의 샘플을 조사한 결과, 특히 우수한 글루탐산 생산성을 지닌 균이 마침내 발견되었다. 바로 일본 우에노 동물원의 새똥이 섞인 흙에서 얻은 균이었다. 이 미지의 균은 코리네박테리움 글루타미쿰으로 명명되었고, 글루타민산을 생산하며 감칠맛도 있음이 확인되었다. 1956년 세계 최초의 아미노산 발효가 탄생한 것이다.

또한 이노신산과 구아닐산이라는 핵산 계열의 감칠맛 물질을 생성해줄 미생물을 찾던 중 페니실리움속의 푸른곰팡이도 발견하게 되었다.

---

2 이것이 바로 아지노모토(미원)다. 처음에는 글루탐산염(글루탐산모노나트륨, MSG)뿐이었지만 제2차 세계대전이 끝나고 감칠맛의 상승 효과가 발견되면서 현재는 MSG와 2.5%의 5'-리보뉴클레오티드이나트륨(이노신산과 구아닐산의 혼합물, 5'-SRN)이 들어 있다. 5'-SRN을 8%로 높여 소량으로도 감칠맛을 낼 수 있는 감칠맛 조미료도 있다.

PART 4

분해자로 활동하는 미생물이 있다

36
퇴비와 미생물은 어떤 관계가 있을까?

퇴비는 가축의 똥이나 벼, 쌀겨 등의 유기물을 퇴적해 미생물의 힘으로 발효시켜 만든다. 퇴비를 만들 때 미생물은 어떤 일을 하는지 알아보자.

미생물의 역할과 발열

퇴비의 재료가 되는 유기물에는 탄수화물, 지방, 단백질 같은 성분이 들어 있다. 이 성분들을 미생물이 분해하는 것이 바로 퇴비화다. 음식물 쓰레기나 수분이 많은 가축의 분뇨를 퇴비화할 때는 왕겨나 톱밥 등과 섞어 전체 수분의 농도를 60% 정도까지 낮춘다.

퇴비화 과정은 크게 두 단계로 나뉘는데, 1단계에서는 탄수화물 등의 유기물이 분해되고 이를 에너지원으로 삼아 미생물이 급격히 증식한다. 이때는 열이 발생해 온도가 50~80℃에 이른다. 미생물 하나가 내는 열은 미약하지만, 막대한 수의 미생물이 열을 방출하면 상당한 열량이 된다. 과거에는 이 열을 이용해 흙을 덮은 곳에 작물의 씨앗을 뿌렸다. 즉, 발열을 이용해 씨앗의 발아를 촉진한 것이다. 그래서 열을 내는 부분을 온상(溫床)이라고 불렀다.[1] 그리고 이때 발생한 열로 수분이 증발해 수분 농도는 40% 정도까지 내려간다.

활약하는 미생물은 주로 고온 상태에서 생식과 증식이 가능한 호

1 오늘날 온상은 좋지 않은 어감으로 사용될 때가 많지만 본래는 퇴비화될 때 나오는 열을 이용한 못자리를 뜻하는 말이다.

열성 세균이다. 호열성 세균은 60℃ 정도에서 활발하게 활동하는데, 많은 병원균과 기생충 알, 잡초의 씨앗 등이 이 온도에서 사멸한다. 그래서 안전한 퇴비가 되는 것이다. 퇴비화가 불충분하면 가축의 분뇨에 있었던 기생충의 알이 죽지 않고 작물에 달라붙어 있다가 인간의 몸속으로 들어가게 된다.

2단계에서는 1단계에서 분해되지 않은, 분해에 시간이 걸리는 유기물(단백질, 지방, 셀룰로오스, 리그닌 등)이 30~40℃에서 천천히 분해된다. 2단계는 퇴비의 성숙기간이라고도 불리며 질산균, 아질산균, 셀룰로오스 분해균, 진균, 방선균 등 1단계보다 다종다양한 미생물이 증식한다. 이 미생물들이 양질의 균질한 퇴비를 만든다.

퇴비를 만들 때와 사용할 때 주의할 점

좋은 퇴비를 만들기 위해서는 퇴비의 바탕이 되는 원료, 수분, 공기, 미생물, 온도, 퇴비화기간 같은 조건이 잘 갖추어져야 한다. 수분량은 특히 중요해서 너무 적으면 미생물의 증식이 억제되기 때문에 퇴비화가 생각처럼 진행되지 않고, 또 너무 많으면 공기가 부족해 혐기성균이 증식하기 때문에 악취가 발생한다.

퇴비의 수분량은 55~70% 정도가 좋다. 음식물 쓰레기를 원료로 사용할 경우, 그 상태로는 수분이 너무 많기 때문에 물을 빼거나 건조시키고, 톱밥 또는 건초를 섞는 등의 방법으로 60% 정도까지 낮추어야 한다.

퇴비를 사용할 때도 주의가 필요하다. 퇴비화가 되기 전의 것 또는 퇴비화가 충분히 되지 않은 것을 사용하면 악취가 발생할 뿐 아니라 토양 미생물이 급속히 번식해 유해 물질의 번식을 초래하기 때문이다. 미생물이 급속히 번식하면 열이 발생하고 토양 속의 산소나 질소가 사용되어 작물의 생육이 저해되고 만다. 또 기생충의 알이나 잡초의 씨앗이 사멸하지 않아 기생충이 작물에 달라붙거나 잡초가 자라는 일이 발생한다. 이런 문제를 없애기 위해서라도 퇴비화를 철저히 진행하는 것이 중요하다.

퇴비를 만드는 방법

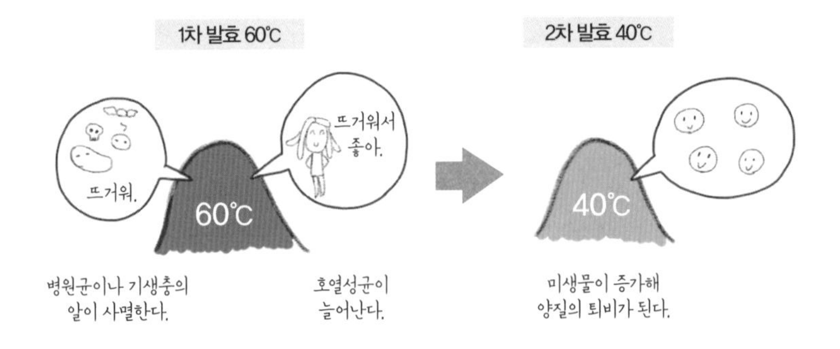

특정한 미생물을 첨가하지 않는다?

음식물 쓰레기의 퇴비화에 효과적이라는 특정한 유용 미생물균을 넣으라고 권하는 경우가 있는데, 절차대로 진행하면 음식물 쓰레기는 자연스럽게 퇴비화된다. 자연계에는 퇴비화를 활발하게 하는 다종다양한 미생물이 존재하니, 퇴비화를 할 때 특정 유용 미생물균이 필요한지 다시 한 번 생각해볼 필요가 있다.

퇴비의 역할

퇴비의 역할은 크게 두 가지로 나눌 수 있다. 첫째는 폐기물 처리라는 측면이다. 가축의 분뇨, 먹고 남은 사료, 식품 폐기물, 짚이나 왕겨 같은 농업 폐기물은 그대로라면 쓰레기밖에 되지 않지만, 이것을 비료화하면 쓰레기의 양을 줄일 수 있을 뿐 아니라 농업용 자재, 토양 개량 자재로 재활용할 수 있다.

둘째는 농업용 자재라는 측면이다. 퇴비를 땅에 뿌리면 통기성, 투수성, 양분의 유지성 같은 지력이 향상된다. 또 퇴비는 우수한 유기 비료로 활약한다.

퇴비는 여러 가지 의미에서 우리의 생활을 뒷받침한다. 현대 사회에서 쓰레기 감량은 매우 중대한 문제다. 그대로 배출하면 환경에 막대한 부담을 주는 음식물 쓰레기도 퇴비화하면 쓰레기의 양을 줄일 수 있을 뿐 아니라 미생물의 힘을 이용해 유용한 퇴비로 탈바꿈할 수 있다.

37 하수 처리와 미생물은 어떤 관계가 있을까?

가정에서 배출한 물은 어디로 갈까? 지역에 따라 차이는 있지만 하수 처리장으로 가는 경우와 가정의 정화조에서 처리되는 경우가 있으며 양쪽 모두 미생물이 중요한 역할을 한다.

화장실의 물이 흘러가는 곳

화장실의 분뇨(똥과 오줌)는 물을 제외하면 대부분이 유기물이다. 분뇨를 처리하는 방법은 지역에 따라 차이가 있는데, 하수도가 보급되어 있는 지역에서는 하수관으로 흘러간다. 하수관을 통해 하수 처리장으로 모여든 하수는 이곳에서 처리된 뒤 강, 호수, 바다로 흘러들어간다. 이 설비를 하수도라고 하고 우리가 마시는 수도는 상수도라고 한다.

한편, 하수도가 보급되지 않은 지역도 있다. 정기적으로 정화조 차량이 와서 분뇨를 퍼가는 곳에서는 퍼낸 분뇨를 분뇨 처리장으로 가져가 처리한다. 분뇨 처리장의 처리 방식은 기본적으로 하수 처리장과 같다.

하수도도 보급되지 않고 정화조 차량이 퍼 가지도 않는 지역에서는 정화조에서 처리를 한다. 정화조에서 처리된 물은 도로 가장자리에 있는 배수로 등을 통해 강, 호수, 바다로 흘러간다. 그리고 강으로 흘러간 분뇨 처리수나 하수 처리수는 다시 상수도의 원수가 되기도 한다.

미생물을 사용한 하수 처리의 구조

일본의 하수 처리장은 대부분 미생물을 사용한 분해 처리법인 활성 오니법을 채용하고 있다.

먼저 침전지에서 하수 속에 들어 있는 고형물을 제거한 뒤 하수를 반응조로 보낸다. 여기에서 활성 오니[1]가 활약한다. 활성 오니는 세균이나 원생동물 등의 미생물이 모여 함박눈 같은 모양이 된 부드러운 덩어리다. 눈으로 봤을 때는 진흙으로 보이지만 현미경으로 보면 수많은 작은 생물을 발견할 수 있다.

활성 오니 속에 있는 세균은 산소가 있으면 활발하게 호흡하는 호기성균으로, 산소를 이용해 유기물을 분해하고 공기를 내보낸다. 우리 몸의 세포가 영양분(유기물)과 산소에서 에너지를 뽑아내고 이산화탄소와 물로 만들 듯, 미생물도 유기물과 산소에서 자신이 생활하기 위한 에너지를 뽑아내고 이산화탄소와 물로 만든다.

이곳에서 처리한 물은 최종 침전지로 보내지며, 이곳에서 맑은 위쪽 물을 깨끗하게 살균해 강이나 바다로 내보낸다.

---

1 오니는 하수 처리장의 처리 과정 등에서 생긴 진흙으로, 유기물의 최종 생성물이 뭉쳐져 생긴 고체다.

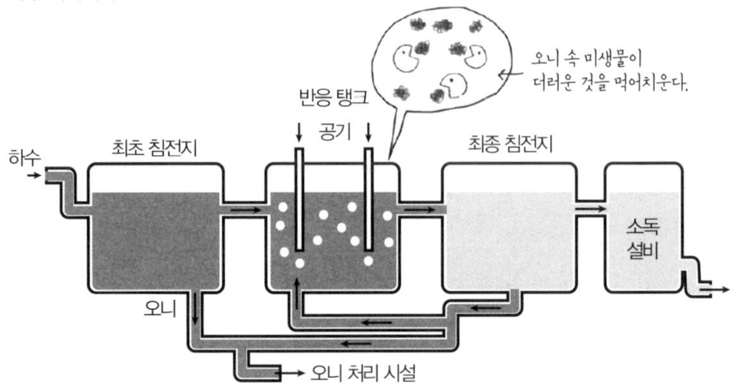

정화조의 설치

정화조에는 분뇨만을 처리하는 단독 정화조와 부엌이나 욕실에서 나오는 물과 분뇨를 한꺼번에 처리하는 합병 정화조가 있다. 정화조의 처리 구조도 기본적으로는 하수 처리장과 같지만, 단독 정화조는 처리하는 힘이 크게 떨어진다. 반면, 합병 정화조는 다양한 물이 섞이기 때문에 세균이 살기 좋은 환경이 되어 단독 정화조보다 유기물을 분해하는 힘이 강력하다. 또 부엌에서 나오는 물에는 유기물이 많이 들어 있는데, 단독 정화조에서는 이를 처리하지 않는다. 따라서 하수도가 없는 경우 더러워진 물을 깨끗하게 만들려면 합병 정화조를 설치하는 편이 좋다.[2]

---

2 소형 합병 처리 정화조는 가정의 미니 하수도로서 화장실의 물과 생활 하수를 동시에 정화할 수 있다.

38

수돗물과 미생물은 어떤 관계가 있을까?

하수 처리에 미생물이 이용된다는 사실은 이미 알려져 있다. 그런데 사실은 수돗물을 만들 때 완속 여과라는 정수 처리 방식에도 미생물이 이용된다.

완속 여과와 미생물

우리가 마시는 수돗물을 만드는 과정에는 수원의 종류, 수량, 수질에 맞춰 다양한 처리가 실시된다. 수질이 좋은 지하수라면 염소 소독만으로 끝나겠지만, 이는 일부 소규모 정수장에서만 가능한 일이다.

오래전부터 사용되는 정수 처리 방식으로 완속 여과라는 것이 있다. 모래, 자갈 등을 바닥에 깐 연못을 이용해 매우 천천히 물을 여과하는 방법이다. 연못 바닥(모래층의 윗면)에는 번식한 미생물이 마치 코팅된 것처럼 뒤덮여 있는데, 이곳에서 물속에 용해되어 있던 성분이나 중금속 등이 제거된다.

100년이 넘은 역사를 자랑하는 이 방식은 본래 티푸스나 콜레라 등의 감염병을 막기 위해 유럽에서 들여왔다. 비용도 들지 않고 효과도 우수해 현재도 간이수도 등에 이용되고 있다. 다만 속도가 하루에 4~5m로 급속 여과의 30분의 1 정도밖에 되지 않아 처리할 수 있는 양에 한계가 있다는 점, 수질의 변화가 적은 양질의 물을 처리할 때만 적합하다는 점 등의 문제가 있다.

완속 여과지에 물고기나 곤충 등 다양한 생물이 서식하는 경우도 있어 생명의 힘을 이용하고 있음을 실감케 한다. 또 비록 오래된 기술이지만 전력 공급이 원활하지 않은 지역에서도 이용이 용이한 정수 기술로서 개발도상국에 기술 제공 등이 실시되고 있다.

급속 여과와 고도 정수 처리

현재 가장 널리 사용되고 있는 정수 처리 방식은 급속 여과로, 약제를 사용해 탁한 부분을 응집·침전시킨 뒤 맑은 부분을 모래나 자갈층에서 급속히(하루 120~150m) 여과하는 방법이다. 이 방법을 이용하면 대량으로 물을 처리할 수 있지만, 물속에 녹아 있는 물질을 제거하기가 어렵고 수돗물의 맛이 없어지며 이른바 곰팡이 냄새가 나는 원인이 된다.

물속에는 다양한 유기물 등이 녹아 있는데, 특히 여름철에는 기존의 급속 여과 방식으로는 충분히 처리할 수 없을 때가 있다. 이런 물질은 냄새의 원인이 되거나 염소와 반응해 발암 물질인 트리할로메탄이 되기도 한다.

최근에는 고도 정수 처리라는 방식으로 이런 물질에 대한 대책을 세울 수 있게 되었다. 고도 정수 처리도 미생물이 물속에 녹아 있는 물질을 제거하는 작용을 이용한다. 먼저 통상적인 급속 여과를 실시하기 전의 물에 오존을 주입한다. 오존은 산소 원자 3개가 결합한 산소의 동위체다. 강한 부식성을 지닌 유독 물질로, 강력한 산화력이 냄새 제거나 살균에 이용되고 있다. 다음으로 이 물을 생물 활성탄 흡착지라고 부르는 시설로 흘려보낸다. 이곳의 활성탄 알갱이에는 미생물이 살고 있어, 활성탄 자체의 흡착 작용과 미생물의 활동으로 오존이 분해한 유기물이나 암모니아를 제거한다. 고도 정수 처리를 거친 물은 트리할로메탄이나 곰팡이 냄새를 억제할 수 있고, 용해되어 있는 물질이 적어 석회 냄새[1]도 억제할 수 있다.

---

1 염소 자체의 냄새가 아니라 물속에 녹아 있는 암모니아 등의 성분이 염소와 결합해 발생하는 냄새다.

39 유전자 조작과 미생물은 어떤 관계가 있을까?

유전자 조작 기술을 통해 식물의 품종을 개량하고 의약품을 생산하는 시대가 되었다. 여기에도 대장균이나 효모 등의 미생물이 이용되고 있다.

유전자를 발현하는 원리는 미생물과 동일하다?

유전자 조작 기술의 진보로 거대한 분자인 DNA(데옥시리보핵산)를 자유롭게 자르거나 이어붙이고, 생물의 세포에 다시 집어넣을 수 있게 되었다. 이 기술을 이용하면 대장균에게 인간의 호르몬을 만들게 할 수도 있다. 어떻게 이런 일이 가능할까? 이유는 유전자를 발현하는 원리가 대장균(미생물)과 인간(동물) 같은 생물의 차이를 뛰어넘어 기본적으로 동일하기 때문이다.[1]

유전자 조작 방법

과거 식물의 품종 개량은 교배를 통해 실시되었다. '① 맛이 좋은 토마토'와 '② 건조한 환경에 강한 토마토'를 교배시켜 '③ 맛이 좋고 건조한 환경에 강한 토마토'를 만드는 예를 보자. ①과 ②를 교배시키면 ③뿐 아니라 '맛이 나쁘고 건조한 환경에 약한 토마토' 등 다양한 잡종이 만들어진다.

---

1 프랑스의 분자생물학자인 자크 모노는 '대장균을 통해 진실로 밝혀진 것은 코끼리에게서도 진실이다'라는 유명한 말을 남겼다.

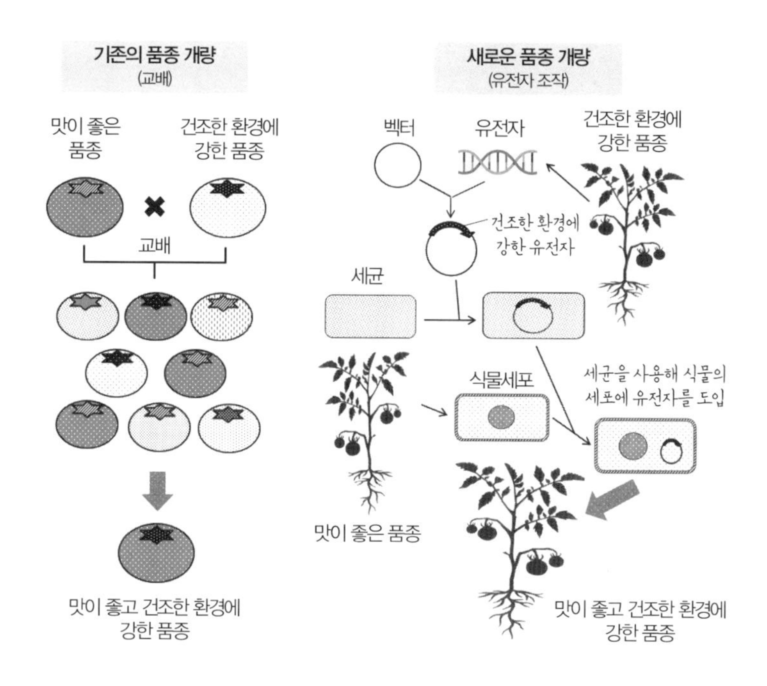

유전자 조작으로 품종 개량을 하려면, 먼저 유용한 형질(예를 들면 '건조한 환경에 강하다')을 담당하는 유전자를 토마토의 세포에서 제한 효소라는 가위로 잘라낸다. 그런 뒤 이 유전자를 벡터라는 DNA 운반체에 리가아제라는 풀로 연결한다. 벡터에는 항생 물질의 유전자도 연결되어 있다.

'건조한 환경에 강한' 유전자를 연결한 벡터는 식물에 감염되는 세균(아그로박테리움)에 들어간 뒤 '맛이 좋은' 토마토의 세포에 도입된다. 목적으로 삼은 유전자가 도입되었는지 아닌지는 항생 물질에 대한 내성으로 알 수 있다. 이제 선발된 세포를 조직 배양하면 '맛이 좋고 건조한 환경에도 강하다'라는 형질을 지닌 새로운 품종이 탄생한다.

유전자 조작을 이용한 의약품의 생산

유전자 조작은 병을 치료하는 약이나 백신 등의 의약품을 생산하는 데도 이용된다. 인슐린이나 백신이 좋은 예다. 당뇨병은 췌장에서 분비되는 인슐린이라는 호르몬의 결핍으로 발생하므로, 인공적으로 인슐린을 주사해 치료한다. 과거에는 소나 돼지의 췌장에서 추출한 인슐린을 사용했는데, 공정이 복잡하고 비용이 많이 들어갈 뿐 아니라 인간의 인슐린만큼 효과를 내지 못했다. 그런데 인간의 유전자를 대장균에 심어 인간 인슐린을 생산함으로써 이런 문제를 해결했다.

만성 간 질환이나 간암의 원인이 되는 B형 간염은 백신으로 감염을 예방할 수 있다. 현재는 B형 간염 바이러스의 유전자를 효모에 넣어 백신을 만들고, 이것을 아기에게 접종해 미래에는 간암이 크게 줄어들 것으로 예상된다.

유전자 조작 식품의 안전성

유전자 조작 초기에는 식물에 해충 저항성 등의 성질을 부여하는 조작이 실시되었다. 해충 저항성은 곤충의 병원균에서 추출한 독소의 유전자에서 유래하며, 곤충이 먹으면 소화관에 손상을 주는 단백질을 만들어낸다. 하지만 포유류는 이것을 먹어도 소화관에서 아미노산으로 분해되기 때문에 해가 없다.

유전자 조작 식품에 대해서는 안전성 심사가 진행되며, 식품으로서 시중에 유통되고 있다면, 다른 일반 식품과 마찬가지로 안전성이 확인된 것이라고 할 수 있다.

미생물이 분해할 수 있는 플라스틱이 있다?

플라스틱은 우리가 생활하는 데 편리함을 주는 소재이지만 썩지 않는다는 점 때문에 여러 가지 폐해를 만들고 있다. 이런 이유에서 주목받는 것이 바로 생분해성 플라스틱이다.

재료의 세계에서 군림하는 플라스틱

플라스틱이 본격적으로 제조되고 활용되기 시작한 때는 제2차 세계대전 이후다. 그전까지는 주로 자연계에서 만들어진 목재, 석재, 금속 등이 활용되었다.

플라스틱은 가볍고 녹슬거나 썩지 않고 자유롭게 모양을 만들 수 있으며, 튼튼하고 시간이 지나도 변화가 적은데다 가격까지 저렴하다는 특징이 있다. 하지만 썩지 않기(미생물에 분해되지 않기) 때문에 처치 곤란한 물질이 되어버렸다. 목재라면 미생물에 분해되지만 플라스틱은 잘게 부수더라도 대부분이 분해되지 않고 자연계에 영원히 존재한다. 그리고 이 플라스틱 쓰레기가 바다로 흘러들어 해양생물에게 큰 타격을 주고 있다.

생분해성 플라스틱

이런 문제들 때문에 미생물에 분해되는 생분해성(물질이 미생물에 분해되는 성질) 플라스틱의 연구와 개발이 활발하게 진행되고 있다. 대표적인 예가 폴리젖산을 사용한 것이다. 폴리젖산은 페트병의 재료인 폴리에틸렌 테레프탈레이트(PET)와 같은 폴리에스테르의 일종으로, 폴리젖산의 원료는 가축 사료용 옥수수 등에서 얻은 전분이다. 효소를 이용해 전분을 포도당으로 분해하고, 유산균을 이용해 발효시켜 젖산을 만든다. 그런 뒤 젖산을 많이 결합시키면 폴리젖산이 된다. 참고로 옥수수 10알이면 A4 용지 크기의 폴리젖산 시트를 만들 수 있다.

폴리젖산은 쓰레기봉투나 농업 자재 등 생분해성 기능이 필요한 제품부터, 휴대전화나 컴퓨터같이 내구성이 필요한 제품에 이르기까지 다양하게 사용되고 있다.

생분해성 플라스틱은 미생물의 활동으로 인해 최종적으로 이산화탄소와 물로 분해된다. 폴리젖산을 제외한 생분해성 플라스틱으로는 폴리카프로락톤이나 폴리비닐알코올 등이 있다.[1]

폴리젖산을 만드는 방법

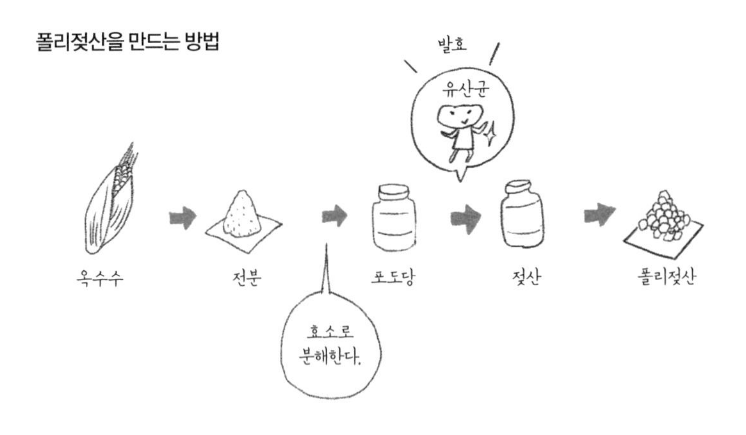

---

1 폴리카프로락톤의 주된 용도는 쓰레기봉투나 농업용 멀티시트 등의 필름이고, 폴리비닐알코올을 물에 녹인 것이 세탁풀이다.

41 항생 물질이란 무엇일까?

과거 감염병은 수많은 사람의 목숨을 앗아갔지만 현재는 항생 물질을 이용해 감염병을 치료할 수 있게 되었다. 하지만 한편으로 항생 물질이 통하지 않는 내성균 문제가 심각해지고 있다.

다른 미생물의 발육을 막는 항생 물질

세균의 감염이 원인이 되어 발생하는 병(감염병)은 오랫동안 인류를 괴롭혀왔다. 하지만 감염병에 속수무책이었던 인류는 치료약을 손에 넣음으로써 감염병과 싸울 수 있게 되었고, 가장 큰 성과를 가져다준 것이 바로 항생 물질이다. 항생 물질은 본래 '어떤 미생물이 생산해 다른 미생물의 증식을 억제하는 물질'을 의미했으며, 현재는 항암 작용을 하는 물질 등도 항생 물질에 포함되었다.

페니실린을 발견한 플레밍

최초로 항생 물질을 발견한 사람은 영국의 미생물학자인 알렉산더 플레밍이다. 제1차 세계대전에 참전했던 플레밍은 전장에서 부상을 입은 병사들이 세균에 감염되고, 그 세균이 온몸에 퍼져 패혈증으로 죽는 모습을 목격했다.

그리고 1928년 9월 여름휴가에서 돌아온 플레밍은 세균을 뿌린 뒤 방치해놓았던 샬레에서 신기한 현상을 발견하게 되는데, 바로 푸른곰팡이가 핀 부분의 주위에는 세균이 살지 않았던 것이다. 이 현상에 흥미를 느낀 플레밍은 살아 있는 푸른곰팡이에서 항생 물질을 추출하는 데 성공했고, 이것이 바로 페니실린이다. 그 뒤 다른 연구자의 노력으로 페니실린의 대량 생산이 가능해져 1944년 노르망디 상륙작전 당시 널리 사용되었다.[1]

세균의 증식을 억제하는 페니실린

페니실린과 같은 부류에 속하는 항생 물질은 세균이 세포벽을 만드는 것(세포벽의 생합성)을 저해해 세균의 증식을 억제한다. 그런데 인간을 포함한 동물의 세포에는 이 세포벽이 없기 때문에 우리는 페니실린의 영향을 받지 않는다. 이처럼 세균에는 작용하지만 동물에게는 작용하지 않는 것을 선택성이라고 하며, 선택성이 높을수록 사용하기 편한 약이라고 할 수 있다.

페니실린처럼 세포벽의 생합성을 저해하는 것은 가장 선택성이 높은 항생 물질이다. 결핵균에 효과가 있는 스트렙토마이신은 세포 속의 리보솜에 작용해 단백질의 생합성을 저해하며, 이 그룹에 속하는 항생 물질의 선택성은 페니실린 다음으로 높다. 또 블레오마이신이나 마이토마이신 C는 세포 속에서 DNA의 생합성을 저해하는 항생 물질로, 세균에 대한 선택성은 가장 낮으며 항암제로 사용된다.

1 기적의 약으로도 불리는 페니실린 덕분에 전장에서 부상당한 상처가 원인이 되어 죽을 수도 있었던 수만 명의 병사들이 목숨을 구했다. 플레밍은 이 공적을 인정받아 1945년 노벨 생리학·의학상을 받았다.

표적을 기준으로 분류되는 항생 물질

항생 물질이 세포의 증식을 억제함에도 인간에게 영향을 끼치지 않는 이유는 세포벽의 유무처럼 세균과 진핵생물 사이에 나타나는 세포의 구조나 기능의 차이를 이용하기 때문이다. 이 차이 덕분에 선택성이 높은 항생 물질을 개발할 수 있다.

다음은 항생 물질이 세균의 세포 중 어디를 표적으로 삼고 있는지를 보여주는 그림이다. 병원에서 사용되는 항생 물질의 대부분은 이 분류 중 어딘가에 속하며, 대부분은 세균의 단백질 합성을 저해하거나 세포벽의 합성을 저해함으로써 효과를 낸다.

항생 물질의 표적이 되는 세포의 구조와 기능

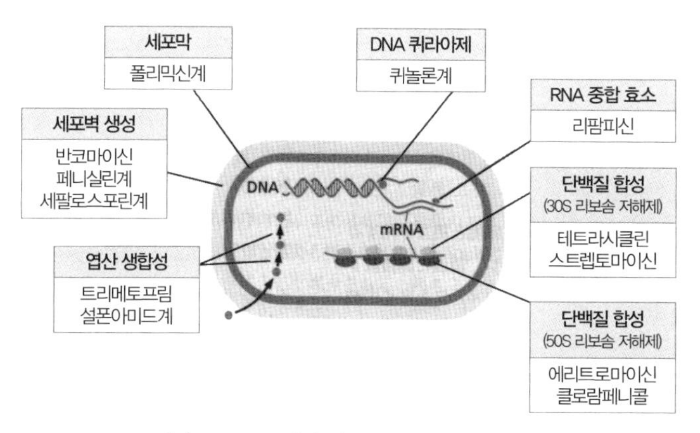

출처 : ALBERTS 등 『세포의 분자생물학 제6판』 뉴턴프레스(2017), p.1293 그림 일부 수정

골치 아픈 내성균 문제

여러 항생 물질이 개발되면서 이제는 감염병을 극복할 수 있다고 생

각한 시기도 있었지만, 항생 물질이 통하지 않는 균 역시 점차 나타나기 시작했다. 이런 균을 내성균이라고 하며 항생 물질을 둘러싼 가장 큰 문제가 되고 있다.

세균은 끊임없이 진화하기 때문에 새로운 항생 물질이 개발되어도 수년 안에 내성균이 등장한다. 세균은 다음의 그림과 같이 '① 항생 물질의 표적이 되는 분자를 변화시킨다, ② 항생 물질을 파괴하거나 구조를 변화시킨다, ③ 항생 물질이 세포에 들어와도 밖으로 내보내 표적에 도달하지 못하게 한다' 등의 방법으로 항생 물질이 효과를 내지 못하게 만든다.

항생 물질의 표적이 된 세균의 구조와 기능

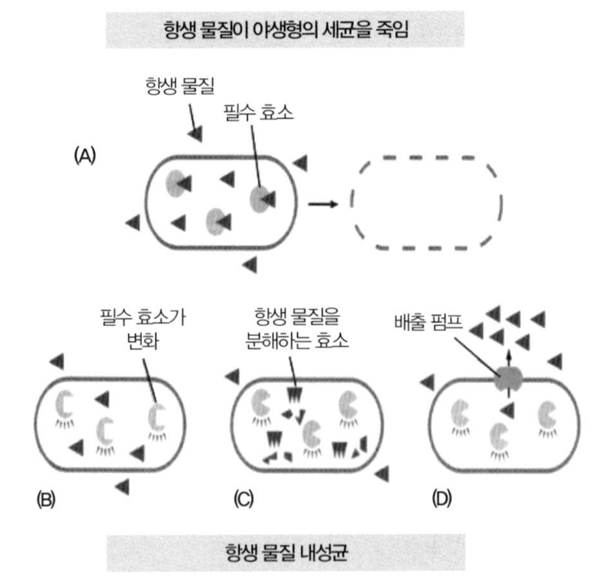

출처 : ALBERTS 등 『세포의 분자생물학 제6판』 뉴턴프레스(2017), p.1293 그림 일부 수정

세균이 일단 항생 물질에 대한 내성을 지니게 되면 내성의 원천이 되는 유전자가 다른 세균에도 퍼지며, 여기에서 그치지 않고 다른 종류의 세균에도 퍼져나간다. 항생 물질이 효과가 없는 감기나 인플루엔자에 항생 물질을 처방하거나, 가축의 발육 또는 건강을 위해서라는 이유로 항생 물질을 남용하는 등 인간의 잘못된 행동이 내성균 문제를 더욱 심각하게 만들고 있다.[2]

2 병원 내 감염의 최후 수단으로 불리는 반코마이신이라는 항생 물질이 통하지 않는 내성균도 생겨났는데, 그 원인은 소의 사육에 사용된 비슷한 종류의 항생 물질 때문으로 추측된다.

PART 5

식중독을 일으키는 미생물이 있다

42 식중독이란 무엇일까?

식중독이라고 하면 살모넬라균이나 황색 포도상 구균 같은 세균이 일으킨다고 흔히 알려져 있지만 바이러스가 일으키는 식중독도 있다.

식중독이란?

식중독은 음식물이 원인이 된 위장염이 중심인데, 세균의 감염으로 발생하는 것, 세균이 만들어낸 독소가 원인이 되어 발생하는 것, 그리고 바이러스의 감염으로 발생하는 것이 있다. 세균의 감염과 세균이 만들어낸 독소는 오랜 세월에 걸쳐 식중독의 주된 원인으로서 인류를 괴롭혀왔다.

식중독과의 싸움

식품을 말리거나 소금에 절이는 기술, 껍질을 벗겨 조리하는 기술, 가열해서 조리하는 기술은 보존성을 좋게 해 부패를 방지할 뿐 아니라 식중독을 막는 데도 공헌해왔다. 하지만 식중독의 발생 건수가 크게 감소하게 된 가장 큰 이유는 안전하게 제조된 식품을 저온 상태로 식탁까지 운반할 수 있게 되었기 때문이다. 식품 공장이나 조리 현장에서 위생 관리를 철저히 하고 저온 상태로 운송하는 콜드체인시스템(저온 유통)이 발달하고, 냉장고가 점포와 가정에 보급되면서 비로소 안전한 식생활이 실현된 것이다.

이런 기술의 발달로 세균이 원인이 되는 식중독은 감소하고 있지만, 전문가의 손길이 닿지 않는 곳에서는 여전히 식중독이 발생하곤 한다.

바이러스가 원인이 되는 식중독

바이러스에 감염되어 발생하는 병이라고 하면 감기나 인플루엔자 등이 대표적이지만 인간에서 인간으로 감염되는 것이 아니라, 음식물이 원인이 되어 감염이 확산되는 경우도 있다. 식중독을 일으키는 바이러스로는 노로 바이러스, 로타 바이러스, A형 간염 바이러스, E형 간염 바이러스 등이 있다. 감염력이 강한 노로 바이러스에는 식중독이라는 표현이 사용되지 않는 경우도 있다.

바이러스성 질환 치료법의 중심인 대증 요법

항생 물질은 병의 원인이 되는 세균의 증식을 억제한다. 한편, 바이러스는 숙주의 세포에 유전자를 주입해 복제시키기 때문에 항생 물질이 효과가 없다. 인플루엔자 등은 증식을 방해하는 약제가 개발되었지만, 많은 바이러스성 질환의 치료는 대증 요법이 중심이다. 바이러스가 원인이 되는 식중독에 대해 주의할 점은 앞으로 살펴보도록 하겠다.

43 맨손으로 주먹밥을 만들면 위험하다?

<황색 포도상 구균>

맨손으로 주먹밥을 만드는 것은 위생적인 측면에서 문제가 있을 수 있다. 우리의 피부나 비강에 사는 상재균이 식중독의 원인이 되기도 한다.

주먹밥은 발효 식품이다?

의학박사이자 기생충 전문가로 알려진 후지타 고이치로가 2018년 5월 25일 호 잡지 『CROISSANT』에서 '손에 소금을 묻혀 만드는 주먹밥은 맛있는 발효식?'이라는 제목의 기사를 통해 '주먹밥의 효용은 장에 상재균을 집어넣는 것, 맨손으로 만들지 않는다면 가치가 없다', '주먹밥은 발효 식품이나 마찬가지다'라는 발언을 해 일본에서 큰 화제가 되었다.

발효와 부패는 간단히 말해 인간에게 도움이 되느냐 되지 않느냐의 차이이며 현상 자체는 똑같다. 더 정확히 말하면 무산소 조건에서의 유기물 분해 중 젖산, 부티르산, 아세트산 등의 유용 물질이 생산되는 것을 발효, 악취를 동반하는 유해 물질이 생산되는 것을 부패라고 한다.

인간의 피부나 장 속에는 유산균, 아세트산균, 대장균, 포도상 구균 등 수많은 미생물이 살고 있으며 이런 미생물을 상재균이라고 한다. 후지타 고이치로는 이 상재균을 몸속에 집어넣는 것이 주먹밥의 효용이라고 말한 것인데, 상재균 중 유용한 미생물만 증식시켜 인간에게 도움이 되도록 제어하려면 고도의 기술과 관리가 필요하다. 이는 청주, 된장, 간장 같은 발효 식품의 양조와 품질 관리에 고도의 기술이 동반된다는 사실에서도 알 수 있다. 주먹밥처럼 온도도 환경도 제어가 불가능한 식품은 관리가 불가능하다.

산과 열에 강한 독소

최근 일본에서는 맨손으로 만든 주먹밥은 먹지 않는다는 사람이 젊은 층을 중심으로 늘어났다고 한다. 지나치게 위생적이라는 목소리도 있지만, 덕분에 황색 포도상 구균이 원인이 된 식중독이 감소했다.

황색 포도상 구균은 피부나 비강(콧속)에 사는 상재균으로, 상처에 화농소를 만들 뿐 아니라 면역력이 약한 사람에게 패혈증을 일으키는 등 다양한 병원성을 지니고 있다. 또 항생 물질이 통하지 않는 메티실린 내성 황색 포도상 구균은 병원 내 감염병의 원인이 되어 많은 희생자를 내기도 한다.

식품에 달라붙은 황색 포도상 구균은 증식을 통해 엔테로톡신이라는 독소를 만든다. 일반적으로 우리가 먹는 음식물은 가열 처리를 함으로써 변성되거나 위산 또는 효소에 의해 분해된다. 하지만 엔테로톡신은 산과 열에 모두 강하며 위산에도 분해되지 않을 때가 있어, 엔테로톡신에 오염된 음식물은 가열해도 식중독을 일으킨다. 구체적으로는 30분에서 6시간(평균 3시간) 안에 구역질, 구토, 복통 등의 증상을 일으키는 것으로 알려져 있다.

주먹밥과 식중독의 역사

1980년대까지 일본에서 발생하는 식중독의 3분의 1 가까이가 황색 포도상 구균이 원인이었고, 가장 큰 원인이 된 식품이 바로 주먹밥이었다. 황색 포도상 구균은 내열성이 있고 건조한 환경에도 강하며 10%에 가까운 식염 농도에서도 생존할 수 있다. 주먹밥을 만들 때 소금을 넣는 것은 염분으로 잡균의 증식을 억제하려는 목적도 있는데, 황색 포도상 구균에는 큰 효과가 없었다.

주먹밥을 만들 때 포장랩을 이용하거나 가공식품을 조리할 때 장갑을 착용하는 등의 대책은 황색 포도상 구균이 원인이 되는 식중독을 줄이기 위한 효과적인 방법이다.

주먹밥에 균의 증식을 막는 방법

자연계 최강의 독소는 무엇일까?

<보툴리누스균>

보툴리누스균이 만들어내는 독소의 독성은 복어의 독보다 1,000배 이상 강하다고 알려져 있다. 벌꿀이나 통조림 등에 밀봉된 식품같이 안전해 보이는 식품에서도 식중독이 발생한다.

500g만 있으면 인류를 전멸시킬 수 있다?

보툴리누스균이 만들어내는 보툴리누스 독소는 자연계에 존재하는 독소 중에서도 최강으로, 복어의 독보다 1,000배 이상 강하다고 알려져 있다. 계산상 500g만 있어도 인류를 전멸시킬 수 있다는 무서운 독이다.

보툴리누스균은 땅, 바다, 호수, 강 등의 진흙 속에 많이 살고 있으며, 혐기성 균류로 산소가 있는 곳에서는 살지 못한다. 그런데 우리가 생활하는 대부분의 장소에는 산소가 풍부하니 안심해도 될 것 같은데, 대체 어떤 조건에서 식중독을 일으킬까?

'보툴리누스(botulinus)'는 'botulus(소시지)'라는 라틴어에서 유래했는데, 여기서도 알 수 있듯이 서양에서는 소시지나 햄이 식중독의 원인이 되어왔다. 일본에서 발생한 보툴리누스균 식중독의 대부분은 이즈시라는 발효 식품을 먹고 걸린 것으로, 과거 아키타현과 홋카이도에서 이따금 발생했다. 이즈시는 도루묵, 연어, 청어 등의 생선을 밥, 소금, 채소와 함께 절여 발효시킨 음식이다. 보통은 공기가 들어가지 않도록 젖산 발효를 시킴으로써 잡균의 번식을 억제하지만, 젖산 발효가 진행되기 전에 보툴리누스균이나 그 포자가 들어가면 식중독의 원인이 된다.

최근에는 진공 포장 식품이 보툴리누스균 식중독의 원인이 되곤 한다. 보툴리누스균이나 보툴리누스균이 휴면 상태가 된 포자는 120℃에서 4분 이상 가열하면 사멸하기 때문에 통조림, 병조림, 레토르트 식품 등은 안전하다.[1] 그렇다면 어떤 식품이 위험할까? 보툴리누스균이 증식할 우려가 있는 것은 가정에서 만든 가열이 충분히 되지 않은 식품이나 진공 포장된 식품이다. 슈퍼마켓에서 판매되는 냉장 보관을 요하는 진공 포장 식품은 레토르트 식품으로 착각하기 쉬워 상온에 보관했다가 식중독을 일으킨 사례가 있다. 또 똑같은 보툴리누스균이라도 E형은 냉장고에서도 증식할 수 있기 때문에 유통기한을 준수하는 것도 중요하다.

보툴리누스 독소는 강력하지만 100℃에서 10분 이상 가열하면 분해되므로, 충분히 가열해 먹는 것이 식중독을 예방하는 길이다.

영아 보툴리누스 중독증과 벌꿀

영아 보툴리누스 중독증을 예방하기 위해 1세 미만의 영아에게는 벌꿀을 절대 먹이지 말아야 한다. 이에 대해서는 2장의 '09 왜 1세 미만의 영아에게는 벌꿀을 먹이지 말아야 할까?'를 참조하기 바란다.

---

1 용기가 부풀어 올랐을 경우 보툴리누스균이 증식했을 가능성이 있으므로 먹지 말고 폐기하도록 한다.

45 서양에서는 왜 날생선을 선호하지 않을까?

<장염 비브리오균>

'생선을 손질하는 도마에서 채소를 썰면 안 된다'라는 말을 들어본 적 있는가? 바다에서 잡은 어패류에 많은 장염 비브리오균은 날생선을 좋아하는 일본에서 수많은 식중독을 일으켜왔다.

콜레라균의 친척

장염 비브리오균은 콜레라균과 같은 비브리오속의 세균으로, 바닷물이나 갯벌에 살고 있다. 증식 속도가 매우 빨라 감염되면 8시간에서 1일 정도가 지나면 심한 복통이나 설사를 일으키며 발열 증상을 보이기도 한다. 한편, 장염 비브리오균은 열에 약하며 민물이나 저온 등의 환경에서는 증식하지 못한다. 그렇다면 장염 비브리오균은 어떤 조건에서 식중독을 일으킬까?

장염 비브리오균은 바닷물의 온도가 15℃ 이상이 되면 활발히 활동한다. 하지만 바닷물 속에 있는 장염 비브리오균의 수는 적기 때문에 소량의 바닷물을 마시는 정도로는 문제가 없지만, 따뜻한 계절에 바다에서 잡은 어패류에는 일반적으로 장염 비브리오균이 달라붙어 있기 때문에 냉장이나 냉동하지 않으면 급속히 증식해 식중독을 일으킨다. 서양의 많은 나라에서 어패류를 생식하지 않는 이유가 바로 이 때문이다.

민물고기는 장염 비브리오균의 위험이 없는 대신, 기생충의 감염

위험이 있기 때문에 안전하게 양식된 것이 아니라면 생식은 삼가는 편이 좋다.

일본에서는 날생선을 먹는 문화가 이어져 내려왔고, 과거에는 유통 경로가 제대로 정비되어 있지 않았던 탓에 오랫동안 장염 비브리오균이 식중독의 큰 원인이었다. 하지만 냉동 설비가 발달하면서 콜드체인시스템이 갖추어지고, 초밥 가게나 슈퍼마켓 등의 조리 시설과 기술이 발전하는 동시에 소독이 철저해짐에 따라 오늘날에는 발생 건수가 크게 감소했다.

조리할 때 주의할 점

장염 비브리오균은 민물에서는 증식하지 못하니 바다에서 잡은 어패류는 흐르는 물에 잘 씻은 뒤 조리해야 한다. 또 어패류를 가열 조리할 경우 중심부까지 충분히 익혀야 한다(60℃에서 10분 이상). 장염 비브리오균은 증식 속도가 빠르기 때문에 어패류를 상온에 보관해서는 안 되고, 잠깐이라도 냉장고나 얼음을 채운 아이스박스 등에 보관해야 한다. 냉동을 해도 단시간에는 사멸하지 않기 때문에 냉동한 어패류를 상온에서 해동시키는 것 역시 위험하다. 냉장실 등의 저온 환경에서 해동하거나 전자레인지 등을 사용해 단시간에 해동해야 한다.

초밥이나 회로 만든 것은 저온에서 보관하고 가급적 빨리 먹도록 하고, 장을 볼 때도 어패류는 마지막에 사고 즉시 냉장 또는 냉동해야 한다.

2차 감염에 주의하기

장염 비브리오균 식중독의 원인은 바다에서 잡은 어패류나 가공품이지만, 2차 감염에도 주의해야 한다. 조리하는 과정에서 손, 도마, 식칼 등의 조리기구에도 장염 비브리오균이 달라붙으며 이를 매개체로 다른 식품이 오염될 수 있다. 특히 염분이 있는 식품이 오염되면 그곳에서 증식해 식중독의 원인이 될 때가 있다. 과거 일본에서는 생선을 손질한 도마를 씻지 않은 채, 다시 그 도마에서 오이를 썰어 절임을 만들었기 때문에 염분이 많은 환경에서 장염 비브리오균이 증식해 식중독을 일으킨 사례도 있다. 조리기구를 잘 씻어 2차 감염을 예방하도록 한다.

2차 감염을 예방하는 방법

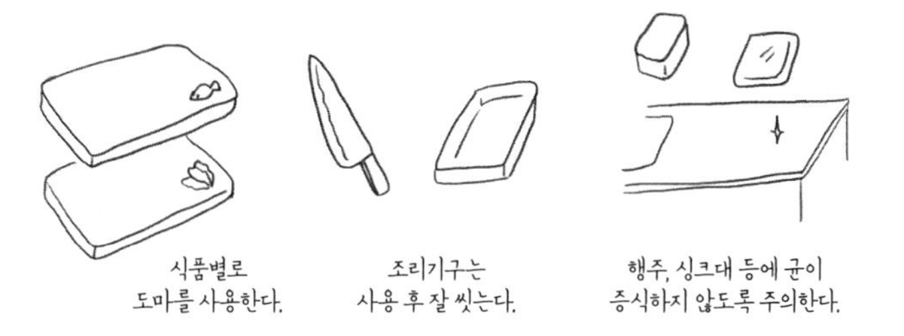

46
날달걀을 먹으면 식중독에 걸린다?
〈살모넬라균〉

날달걀을 먹으면 왜 식중독에 걸린다는 것일까? 그 밖에 애완동물 등을 통해서도 감염될 수 있는 살모넬라균에 대해 알아보자.

장티푸스균과 동족인 살모넬라균

살모넬라균은 닭, 소, 돼지 같은 가축의 장 속에 살고 있는 균으로, 인간에게 감염되면 심한 설사 증상을 일으킨다(증상 없이 장기간 균을 보유하는 사람도 일부 있음). 또 독소에 의한 식중독이 아니라 살모넬라균이 입에 들어가 소화기에 증식함으로써 발병한다. 바퀴벌레나 쥐가 미움을 받는 이유가 살모넬라균이나 장티푸스균 등의 병원균을 옮기기 때문이다. 해외에서는 쥐똥 때문에 장티푸스가 발생하는 일도 종종 있다. 사실 살모넬라균과 장티푸스균이나 파라티푸스균은 같은 속의 동족이다. 다만 장티푸스나 파라티푸스는 심한 전신 증상을 일으키기 때문에 법정 전염병으로 분류된다.

살모넬라균은 건조한 상태에서도 수 주 동안, 물속에서는 몇 개월 동안 생존할 수 있는 강한 균이다. 일본에서는 달걀이나 그 가공품, 육류(특히 내장)의 생식, 2차 감염이 원인이 되어 식중독을 일으키는 사례가 다수 보고되었다. 그 밖에도 뱀장어나 자라(특히 피나 내장의 생식)가 원인이 된 사례도 있다.

날달걀은 위험하다?

실베스타 스텔론 주연의 〈록키〉라는 영화가 있다. 영화에는 권투선수가 되고 싶은 가난한 주인공이 운동선수가 먹는 프로틴을 살 돈이 없어 컵에 날달걀을 깨 넣어 벌컥벌컥 마시는 장면이 있다. 사실 서양에서 이런 모습은 거부감이 느껴지는 매우 기괴한 장면으로, 주인공의 집념을 나타내는 연출이다. 서양에서는 날달걀을 살모넬라균에 오염된 위험한 식품으로 생각하기 때문에 가열하지 않고 먹는 데 거부감을 느낀다.

달걀이 살모넬라균에 오염되어 있다면, 왜 우리는 날달걀을 일상적으로 먹는데도 문제가 없을까? 분명 닭이 갓 낳은 달걀에는 닭의 장에서 유래한 살모넬라균이 달라붙어 있다. 하지만 한국에서는 달걀을 출하하기 전에 표면에 세척 작업을 거친다. 마찬가지로 일본에서도 날달걀을 먹는 문화가 있어 출하 전에 소독액(하이포아염소산 등)이 들어 있는 온수나 자외선 등을 사용해 살균 소독 처리를 한다. 그래서 유통기한 이내의 달걀은 안심하고 생식할 수 있다.

서양에서는 살균 소독 처리를 하지 않기 때문에 일반적으로는 날로 먹으면 위험하다고 한다. 하지만 서양에도 마요네즈, 에그노그, 아이스크림 등 날달걀을 사용한 식품이 있다. 이런 식품용으로 판매하는 'pasteurized egg(살균란)'는 생식이 가능하다.

유통기한이 지나도 가열 조리하면 괜찮다?

보통 슈퍼마켓에서는 상온에서 달걀을 판매하는데, 이는 이슬이 맺

히면서 달걀 껍질에 남은 살모넬라균의 포자가 증식하는 것을 막기 위함이다. 가정에서는 냉장고에 보관하는 것이 좋다.

달걀의 유통기한은 상온에서 보관·유통하는 경우 달걀 껍질에 적힌 산란일로부터 30일, 냉장 보관·유통하는 경우 40~45일 정도다. 다만 달걀을 깼다면 즉시 조리해야 하고, 금이 간 달걀은 틈으로 세균이 침입할 수 있으므로 즉시 조리하거나 폐기하도록 한다. 또 키우는 닭이 갓 낳은 신선한 달걀이라도 세척하지 않은 것은 살모넬라균이 붙어 있을 가능성이 있으니 주의해야 한다.

애완동물로부터의 감염

가축뿐 아니라 애완동물도 살모넬라균을 가지고 있을 수 있다. 개, 고양이, 새를 비롯해 거북이 등의 파충류도 살모넬라균을 가지고 있으며, 미국에서는 애완용 고슴도치로부터 살모넬라균에 감염된 사례도 보고되었다. 이 동물들은 살모넬라균에 감염되어도 거의 증상이 나타나지 않으니, 평소 애완동물을 만지고 나면 손을 깨끗이 잘 씻어야 한다. 만약 동물원에서 동물을 만졌다면 반드시 손을 씻도록 한다.

애완동물을 키우는 사람은 자신의 애완동물이 감염병에 걸리는 것에는 민감해도, 애완동물이 감염병의 원인이 되는 병원균을 지니고 있다는 사실은 모르는 경우가 있다. 가정에서 키우는 애완동물의 경우 청결히 관리하겠지만, 특히 면역력이 낮은 갓난아기, 어린이, 고령자가 있다면 주의가 필요하다. 갓난아기가 애완동물의 배설물을 직접 만지지 않도록 주의하고, 어린이나 고령자가 애완동물을 만졌다면 식사 전 반드시 손을 씻게 하며, 되도록 동물이 사람을 핥지 못하게 하는 등 주의를 기울이는 편이 좋다.

갓 낳은 달걀(신선)≠안전

47 왜 닭고기는 잘 익혀 먹어야 할까?
〈캄필로박터균〉

캄필로박터균은 닭고기를 통해 감염되는 경우가 많고 애완동물 등을 통해서도 감염될 수 있는 세균이다.

캄필로박터균이란?

캄필로박터균은 소, 돼지, 새 그리고 애완동물의 소화관에 널리 분포하는 세균으로, 가축 등에 위장염을 일으키기도 하지만 증상이 나타나지 않는 경우도 있어 감염된 가축의 배설물에 오염된 식품이나 물을 인간이 섭취하면 감염이 된다.

어린이의 경우 면역력이 약해 캄필로박터균에 감염된 동물을 만지기만 해도 감염될 수 있다. 동물원에서 '동물을 만진 후 손을 깨끗이 씻으세요'라는 안내를 들을 수 있는데, 캄필로박터균 등의 세균 감염을 예방하고자 하는 목적이 크다.

주로 닭고기에서 감염되는 이유

그렇다면 우리가 흔히 섭취하는 대부분의 육류가 감염원이 될 것 같은데, 유독 왜 닭고기가 주된 감염원일까? 그 이유는 육류별 판매되는 형태를 보면 알 수 있다. 소고기나 돼지고기는 부위별로 나누어 판매되지만 닭고기는 껍질이 붙어 있는 채로 판매되기도 한다. 바로 닭고기의 이 껍질 부분(깃털의 모공 부분)에 캄필로박터균이 남아 있을 때가 있다. 또 닭고기를 충분히 가열하지 않고 먹으면 인간에게 감염될 수 있다.

닭고기를 소고기 육회처럼 날로 먹기도 하는데, 이런 생식은 위험할 수 있다. 내장에도 균이 붙어 있을 때가 있기 때문이다. 과거에는 소의 생간을 먹고 감염된 사례도 볼 수 있었다. 생식 외에도 고기를 손질하는 단계에서 손, 도마, 식칼 등을 거쳐 감염될 수 있으니 고기를 취급할 때 사용했던 조리기구는 특히 세정과 소독에 신경 써서 보관하는 것이 좋다.

주의해야 하는 시기

캄필로박터균이 유행하는 시기는 5월부터 7월 전후로, 야외에서 바비큐 파티를 열 경우 주의하는 편이 좋다. 닭고기를 다른 종류의 고기와 섞거나 같은 조리기구(도마, 식칼 등)를 함께 사용하지 않도록 하고, 껍질부터 먼저 충분히 익힌 뒤 먹는다.

혼동하기 쉬운 위장염

캄필로박터균의 주요 증상은 맹렬한 위장염이다. 심한 복통이나 설사가 나타날 경우 즉시 병원을 찾아야 하며, 이때 주의할 점은 다른 위장염과 혼동할 수 있다는 사실이다. 사실 캄필로박터균은 10월경에도 유행할 수 있어 노로 바이러스나 로타 바이러스 같은 바이러스성 위장염과 혼동되는 경우가 있다. 이런 바이러스가 원인이 되는 감염병은 항생 물질이 효과가 없기 때문에 대증 요법에 의지하는 수밖에 없다. 하지만 캄필로박터균은 세균이므로 항생 물질을 투여해야 하니, 감염의 우려가 있으면 반드시 병원을 찾아 증상을 알려야 한다.

골치 아픈 잠복기

캄필로박터균에 감염된 뒤 증상이 나타나기까지의 잠복기는 얼마나 될까? 보통은 2일 정도다. 하지만 캄필로박터균은 증식 속도가 느리기 때문에 잠복기가 길 경우 7일 정도가 지나야 증상이 나타날 때도 있다.

소의 간에도 캄필로박터균이 있으므로 생식은 위험하다.

특히 어린이나 고령자 등 면역력이 약한 사람은 주의한다.

감염 경로를 정확히 알 수 없다?

〈병원성 대장균〉

병원성 대장균은 감염 경로가 명확하지 않는 경우가 많고 대규모 식중독을 일으키기도 한다. 병원성 대장균의 종류와 주의해야 할 점을 알아보자.

병원성 대장균이란?

대장균은 가축이나 인간의 대장 속에 살고 있는 상재균이다. 대부분은 인간에게 해롭지 않지만 설사 등의 증상을 일으키는 것도 있다(170종류 정도가 알려져 있음). 장병원성 대장균, 장침습성 대장균, 독소원성 대장균, 장응집성 대장균, 장출혈성 대장균 다섯 종류로 나뉘는데, 앞의 네 종류는 설사나 복통 등을 일으키며 개발도상국의 영유아 설사증의 원인이 된다. 그리고 병원성 대장균 중에서도 특히 병원성이 높아 주의해야 하는 것이 바로 장출혈성 대장균이다.

장출혈성 대장균이란?

장출혈성 대장균은 베로 독소라는 강력한 독을 방출한다. 이질균이 방출하는 독소와 비슷한 것으로, 본래 대장균이 지니고 있었던 유전자에는 없으며, 대장균이 박테리오파지[1]에 감염되어 2차적으로 획득

1 세균에 감염해 증식하는 바이러스의 총칭이다.

한 것으로 여겨진다.

장출혈성 대장균의 베로 독소는 출혈을 동반하는 장염이나 용혈성요독증후군[2]을 일으켜 심한 혈변이나 중증의 합병증을 거쳐 사망에 이르기도 한다. 잠복기간은 3~8일이며 불과 100개 정도의 세균을 섭취해도 감염된다는 사실이 밝혀졌다. 살모넬라균의 경우 100만 개 정도의 세균을 섭취해야 감염된다는 사실을 떠올리면, 그 1만분의 1밖에 되지 않는 수에도 감염되어버리는 것이다.

육류의 생식과 불충분한 가열 또는 원인균이 냉장고, 조리기구, 인간의 손을 거쳐 다른 식품에 부착되어 감염이 발생하기도 한다. 조리를 할 때 음식물을 충분히 가열하고 철저한 손 씻기, 어패류와 육류는 나누어서 보관·조리하기, 조리기구의 세정과 소독 등에 주의가 필요하다.

또한 고기를 구울 때는 익히지 않은 고기와 완전히 익힌 고기를 다루는 식기를 따로 준비해 사용하는 편이 좋다. 특히 면역력이 약한 사람이나 어린이, 고령자는 장출혈성 대장균 외에 다른 병원성 대장균에 감염되어도 증상이 심각해지기 쉬우니 충분히 익혀서 먹어야 한다.

2 용혈성요독증후군(HUS)은 장출혈성 대장균 감염병에 걸린 환자의 일부에게서 여러 날 뒤에 발생하며 신장 장애 등(용혈성 빈혈, 혈소판 감소, 급성 신부전)을 일으킨다.

밝혀내기 어려운 감염 경로

잠복기간이 길고 적은 수의 균에도 감염되기 때문에 병원성 대장균의 감염 경로는 밝혀내기 어렵다.

1996년 일본의 오사카 사카이시에서 발생한 O-157 집단 감염의 경우 소아를 중심으로 8,000명에 가까운 감염자와 이들의 가족 중 1,500명이 넘는 2차 감염자가 나왔고, 3명의 어린이가 세상을 떠났다. 이때 공통되는 비가열 식재료로 사용되었던 무순이 원인이 아닐까라는 추측이 있었지만, 조사에서 무순의 재배 시설이나 식재료에서 O-157은 검출되지 않았다. 하지만 이 사건으로 인해 무순에 대한 인식이 나빠져 팔리지 않는 바람에 무순 재배업자들이 줄지어 도산했고, 그 결과 자살한 사람까지 생겼다. 이 집단 감염 사태는 아직도 현재 진행형이다. 19년 뒤인 2015년 후유증으로 사망한 사람이 발생했으며, 현재도 복수의 환자가 치료를 받고 있다.

이처럼 병원성 대장균은 일시적 감염병이 아니라, 긴 후유증을 가져오는 경우도 있음을 기억해야 한다.

2차 감염과 가축도 주의하기

이밖에도 감염자의 타월 등을 함께 사용했다가 2차 감염이 발생한 경우도 있다. 또 병원성 대장균 역시 살모넬라균과 마찬가지로 가축으로부터 감염될 수도 있으니, 동물을 만지고 나면 반드시 손을 깨끗이 씻도록 한다.

49 알코올 소독을 해도 소용이 없다?

〈노로 바이러스〉

겨울이 제철인 굴을 매개체로 위장염(식중독)을 일으키는 것이 바로 노로 바이러스다. 집단으로 발생하는 경우도 종종 있는 노로 바이러스의 특징과 대처법을 알아보자.

굴과 노로 바이러스

음식물이 원인인 노로 바이러스 감염병은 바이러스가 있는 굴 등의 쌍각류를 날로 먹거나, 충분히 가열하지 않고 먹었을 때 발생하기 쉽다. 그런데 시중에 판매되는 굴에는 생식용과 가열용이 있다는 사실을 알고 있는가? 이는 굴을 어획(양식)한 해역이나 처리 방법에 따라 정해지는데, 굴 같은 쌍각류는 여과식자라고 해서 바닷물에 들어 있는 유기물을 걸러 먹이로 삼는다. 그렇기 때문에 시가지 근처에서 방류된 하수에 들어 있는 노로 바이러스 등이 조개 속에 축적되고, 이런 바이러스를 가진 굴을 인간이 생식함으로써 감염된다.

생활 하수나 공업 하수가 흘러드는 곳과 가깝거나 수질 검사에서 생식용의 기준을 충족하지 못한 곳에서 어획(양식)한 굴은 가열용으로 출하된다. 물론 이 경우도 자외선 등으로 살균한 바닷물 속에 정해진 시간 동안 놓아두는 정수 처리를 하면 생식용으로 출하할 수 있지만, 살균된 바닷물에는 먹이가 없기 때문에 굴의 맛이 떨어진다는 의견도 있다. 한편, 법적으로 정한 생식용 굴을 생산할 수 있는 수질기준에 적합한 해역에서 어획(양식)한 굴은 생색용으로 출하된다. 기억해야 할 점은 가열용 굴을 절대 날로 먹으면 안 된다는 것이다.

2차 감염과 공기 감염도 주의하기

노로 바이러스가 원인인 감염병이나 식중독은 굴 채취가 절정에 이르는 12월경부터 증가한다. 감염력이 강해 10~100개 정도만 우리 몸속에 들어와도 감염이 발생한다. 증상으로는 감염된 지 1~2일 뒤 구토, 심한 설사, 복통이 있다. 또 노로 바이러스는 바이러스가 달라붙은 조리기구나 감염자의 토사물, 분뇨 등을 통해서도 감염된다. 특히 소아는 갑자기 대량의 구토를 할 때가 있는데, 토사물의 처리가 제대로 되지 않으면 건조되어 공기 중에 날아 오른 미세한 토사물이 대량의 감염자를 발생시킬 수 있다. 노로 바이러스는 소독약에도 강해서 흔히 사용하는 알코올 소독으로는 감염성이 사라지지 않으며, 비누 등으로 손을 깨끗이 씻고 소독도 철저히 해야 한다. 토사물을 처리하는 방법은 다음과 같다.

① 토사물을 치울 때는 1회용 장갑과 마스크를 착용한다.

② 토사물에 더럽혀진 바닥은 염소계 소독제를 적신 천으로 덮어 한동안 방치해 소독한다.

③ 토사물은 종이타월 등으로 조심스럽게 제거한다.

④ 토사물로 인해 더러워진 천은 염소계 소독제에 담가 소독한다.

⑤ 사용한 장갑, 마스크, 종이타월 등은 비닐봉지 등에 밀봉해 버린다.

증상이 가라앉아도 주의하기

노로 바이러스의 감염자가 나왔을 경우 식기, 옷 감염자가 만진 손잡이 등도 염소계 소독제로 모두 소독하고, 섬유 제품 등은 따로 사용해 감염 확대를 방지해야 한다.[1] 또 증상이 가라앉았더라도 2~3주 동안은 바이러스의 배출이 계속될 수 있으니, 소아의 토사물이나 변 등을 처리할 때 감염이 확산되지 않도록 주의한다.

안타깝게도 노로 바이러스는 배양세포에서 증식하기가 어려워 아직도 백신이 개발되지 못하고 있지만, 신속 진단키트가 나온 덕분에 진단은 용이해졌다(모든 노로 바이러스 감염병을 확실히 진단하지는 못함). 만약 노로 바이러스 감염이 의심된다면 병원을 찾아 진단을 받는 것이 중요하다. 스스로 판단해 시판되는 약을 복용했는데, 알고 보니 또 다른 감염병이었다면 대처가 늦어져 증상이 심각해질 수 있기 때문이다.

---

1 하이포아염소산이 들어 있는 가정용 염소계 표백제를 물로 희석하면 염소계 소독제로 사용할 수 있다.

50 바이러스성 위장염 중 증상이 가장 심각하다? 〈로타 바이러스〉

노로 바이러스 못지않게 유명한 로타 바이러스도 급성 위장염을 일으킨다. 노로 바이러스와 로타 바이러스의 차이점은 무엇이며 주의할 점을 알아보자.

5세가 되기 전까지 대부분 감염된다?

로타 바이러스는 영유아에게 급성 위장염을 일으키는 바이러스로, 예전에는 가성 소아 콜레라 또는 백리라고 불리며 두려움의 대상이었다. 바이러스성 위장염 중에서도 가장 증상이 심각해 급격한 탈수 상태를 동반하기 때문에 과거에는 수많은 영유아의 생명을 앗아갔던 무서운 감염병이기도 하다. 현재도 일본에서는 입원이 필요한 영유아의 급성 위장염 중 절반을 차지한다.

로타 바이러스 감염은 1월부터 4월에 걸쳐 절정을 이룬다. 11월부터 2월경까지가 정점인 노로 바이러스보다 조금 늦다. 로타 바이러스는 감염력이 매우 강해 선진국에서도 5세가 되기까지 거의 전원이 감염된다는 말이 있다.

로타 바이러스에 감염되면 1~4일의 잠복기간을 거친 뒤 설사, 구토, 발열 등의 증상이 나타나며 치료하지 않은 채 방치하면 탈수에 따른 경련이나 쇼크가 발생할 수도 있다. 여기에 그치지 않고 신장염, 신부전, 심근염, 뇌염, 뇌증, 용혈성요독증후군, 파종성혈관내응고

증후군, 장중적 등의 합병증을 유발하기도 한다.

로타 바이러스는 한 번 감염되는 정도로는 충분한 면역을 얻지 못하기 때문에 증상이 가벼워지면서 여러 번 발병하는 경우도 있다. 성인에게는 그다지 발병하지 않는다고 알려져 있지만, 최근 성인 무리에서의 집단 감염이나 식중독도 볼 수 있다.

백신의 개발

로타 바이러스도 노로 바이러스와 마찬가지로 신속 진단키트가 개발되어 병원에서 진단하기가 용이해졌지만, 신속 진단은 모든 로타 바이러스 감염병을 확실하게 진단하지는 못한다. 로타 바이러스에 효과가 있는 항바이러스제는 없지만 임의 접종 백신은 개발되었다. 한국에서는 로타 바이러스 백신으로 로타텍과 로타릭스를 사용하는데, 의사와 상의한 뒤 아기에게 잊지 말고 예방접종을 할 수 있도록 한다.

감염의 예방

다른 바이러스성 질환과 마찬가지로 손 씻기와 소독이 중요하다. 로타 바이러스도 노로 바이러스처럼 감염력이 강해 10~100개 정도만 우리 몸속에 들어가도 감염이 되므로, 감염자의 토사물은 노로 바이러스와 마찬가지로 철저히 처리하도록 한다.

로타 바이러스에 감염된 사람은 증상이 가라앉아도 1주일 정도 바이러스를 배출하는 것으로 알려져 있다. 또 로타 바이러스의 경우 소독용 알코올에 효과가 있으므로, 노로 바이러스보다는 예방이 용이하다.

51 신선한 식품에서도 감염된다?

<A형 · E형 간염 바이러스>

간염을 일으키는 바이러스에는 발견된 순서대로 A형부터 E형까지가 있다. 혈액이나 체액을 통해 감염되는 B형이나 C형이 흔히 알려져 있고 A형과 E형은 음식물을 통해 감염되는 경우가 있다.

과거에 많았던 A형 간염

A형 간염은 일과성 감염병으로, 만성화되는 일은 없지만[1] 위생 상태가 나쁜 동남아시아, 아프리카, 남아메리카 일부 나라에서는 현재도 많은 감염자가 나오고 있다.

A형 간염은 감염자의 분뇨에 들어 있었던 바이러스가 물, 채소, 과일, 어패류 등을 거쳐 인간의 입으로 들어감으로써 감염된다. 열대 지방이나 아열대 지방의 음용수 관리가 제대로 되지 않는 지역에서 감염의 위험성이 높다고 알려져 있다.

도시 근교에서 낚은 어패류는 오염의 가능성이 있으니 날로 먹지 말고 충분히 가열해 먹고, 또 원인이 되는 어패류를 손질한 조리기구에 달라붙어 있던 바이러스가 다른 식품에 달라붙지 않도록 채소 같은 식재료를 먼저 조리한 뒤 어패류를 손질하도록 한다. 사용한 조리기구는 세정과 소독에 주의를 기울인다.

---

1 B형 간염은 감염되면 평생 바이러스가 사라지지 않으며 C형 간염은 방치하면 만성 간염부터 간경변이나 암으로 진행되기 때문에 두려움의 대상이 되고 있다.

돼지나 야생동물에서 유래하는 E형 간염

사냥 등으로 잡은 고기를 먹을 기회가 있어 멧돼지, 사슴, 돼지 등의 고기나 내장을 날로 또는 충분히 가열하지 않은 채 먹으면 E형 간염에 감염될 수 있다. 조리를 할 때는 반드시 손을 깨끗이 씻거나 소독을 하며, 생식하지 않고 고기의 중심부까지 충분히 익히도록 한다. 신선한 고기라면 날로 먹어도 괜찮다는 사람이 있는데, 바이러스 감염은 신선도와는 관계가 없다. 사슴의 생고기와 돼지의 생간에서 E형 간염 바이러스가 검출된 사례가 있으며, 멧돼지의 생간을 먹은 것이 원인으로 보이는 급성 간염으로 사망한 사례도 있다. 그 밖에 기생충 등에 감염될 수도 있으니, 충분히 익히지 않은 것이나 날로 먹지 않도록 주의한다.

한편, E형 간염이 인간에게서 인간으로 전염되는 일은 극히 드물다. 다만 바이러스에 감염된 인간과 동물의 변에 오염된 수돗물이나 식재료는 위험하다. 아시아에서 발견되는 유행성 간염의 원인 바이러스는 주로 E형으로 추측되고 있으므로, E형 간염이 유행하거나 발생한 지역의 수돗물이나 익히지 않은 음식물은 가능한 한 피하도록 한다.

52

수돗물이 식중독의 원인이다?

<크립토스포리디움>

크립토스포리디움은 때때로 수돗물이나 식품을 통해 다수에게 감염된다. 말라리아나 아메바성 이질의 병원체와 같은 부류인 원충이 원인이다.

크립토스포리디움이란?

크립토스포리디움은 가축이나 애완동물의 장에 기생하는 원충(원생생물)으로 알려져 있었는데, 1976년 인간에게 감염된 사례가 처음 보고되었다. 1980년대에는 후천성면역결핍증후군 환자에게 치사성의 설사를 일으키는 병원체로 주목받게 되었고, 그 뒤 건강한 사람에게도 심한 설사를 일으킨다는 사실이 밝혀졌다.

유명한 집단 감염 사례로는 1993년 미국 위스콘신주 밀워키시에서 발생한 사건이다. 160만 명이 병원체에 노출되어 40만 명 이상이 감염되었고, 이 중 4,400명이 입원하고 수백 명이 사망하는 전대미문의 집단 감염이 발생해 커다란 사회 문제가 되었다.

크립토스포리디움은 염소 소독으로도 감염성을 잃지 않기 때문에 물리적 여과 등으로 대응해야 한다.

53 겉모습이나 맛으로는 알 수 없다?

〈패독 · 시가테라독〉

조개나 생선을 먹었을 때 발생하는 중독 중에는 패독이나 시가테라독이라고 부르는 것이 있다. 가열을 해도 피할 수 없고 겉모습이나 맛으로는 알 수 없다는 특징이 있다.

패독이란?

갯벌에서 조개 캐기 체험을 하는 사람들이 있는데, 이렇게 채집한 조개를 섭취해 식중독이 발생하는 경우가 드물게 있다. 이유는 부영양화[1]가 원인이 되어 종종 발생하는 적조 때문이다. 적조에는 와편모조류를 비롯해 유독한 플랑크톤이 들어 있을 때가 있어 양이 많으면 조개나 물고기를 죽여버린다. 하지만 조개나 물고기를 죽일 정도의 농도가 아닐 경우 어패류에 독소가 축적되는데, 이것을 패독이라고 한다.

독이 들어 있는 조개를 먹어 발생하는 마비성 패독은 손발에 마비가 일어나고, 중증일 때는 호흡 마비로 사망에 이르기도 한다. 또 설사성 패독도 있는데, 물똥을 동반하는 설사, 복통, 구역질을 일으키지만 사망 사례는 아직 없는 것으로 알려져 있다. 어업으로 잡은 조개류는 안전하게 관리되므로, 시중에 판매되는 조개를 먹고 패독의 피해를 입는 일은 거의 없다.

---

1 유기물이나 질소 화합물이 많이 들어 있는 상태를 가리킨다. 도시 하수 등을 통해 영양분이 과잉 공급되면 플랑크톤이 대량으로 발생해 바닷물이 빨갛게 보이는 적조 현상이 나타난다.

시가테라독이란?

시가테라독은 주로 열대 지방에서 발견되는 독으로, 패독과 마찬가지로 와편모조류가 원인이다. 조류(藻類)에 부착된 와편모조류를 먹은 소라나 물고기의 몸속에 독이 축적되고, 그 소라나 물고기를 잡아먹은 육식 물고기의 몸속에도 독이 축적된다(생물 농축). 이를테면 통돔류(붉은통돔, 무늬통돔), 바리류(별밥바리, 대왕범바리, 청점줄바리), 강담돔, 대왕곰치 등을 먹었을 때 걸린다.

드라이아이스 센세이션이라고 부르는 신경 증상이 주된 증상으로, 뜨거운 것을 만져도 차갑게 느끼고 가려움, 근육통, 관절통, 두통, 소화기 증상 등도 발생하지만 사망 사례는 드물다(해외에서는 보고 사례가 있음). 한편, 시가테라독에 중독되었을 경우 회복이 매우 느려 몇 개월이 걸릴 때도 있다.

물고기의 겉모습으로는 구별하기가 불가능하니, 독이 발견된 사례가 보고된 생선은 먹지 않는 것이 가장 좋다. 지구온난화에 따른 해수 온도의 상승으로 와편모조류의 분포가 북상하고 있을 가능성 등이 지적되기도 한다.

조리해도 사라지지 않는 독

패독도 시가테라독도 열에 강해 가열해도 독성이 사라지지 않는다. 또 맛의 변화도 없기 때문에 먹어도 알 수가 없다. 부시리, 방어, 잿방어 같은 일반적인 생선에서도 시가테라독에 중독된 사례가 보고되기 시작했다.

54 자연에서 만들어지는 최강의 발암 물질이다? <곰팡이독>

습기를 좋아하는 곰팡이는 곳곳에 살고 있으며 인간에게 피해를 입히는 경우도 있다. 곰팡이독의 피해를 입지 않기 위해서는 곰팡이의 생태를 잘 알고 곰팡이가 자라지 않도록 하는 것이 중요하다.

습기를 좋아하는 곰팡이

따뜻하고 습도가 높은 곳은 곰팡이에게 천국 같은 곳이다. 곰팡이는 떡, 빵, 과자 등 전분이나 당이 들어 있는 음식을 좋아하지만 인간의 때나 옷, 욕실 등에서도 살고 있다. 곰팡이는 우리 주위 곳곳에 살고 있으며 곰팡이가 없는 생활은 불가능하다. 곰팡이는 된장이나 술을 만들고 생물의 시체를 분해하는 등 우리에게 도움을 주기도 하지만, 독을 만들어 병이나 중독의 원인이 되기도 한다.

암을 유발하는 최강의 곰팡이독

누룩곰팡이는 자연계에서 가장 흔히 볼 수 있는 곰팡이로, 그중에서도 아스퍼질러스 오리자에는 술을 만들 때 없어서는 안 되는 존재다. 그런데 친척인 아스페르길루스 플라부스의 누룩곰팡이는 극히 미량으로도 간암을 일으키는 아플라톡신이라는 독을 만들어낸다.[1]

1 아스퍼질러스 오리자에는 유전자 층위에서 아플라톡신을 만들지 못하는 것으로 밝혀졌다.

아플라톡신에는 몇 가지 종류가 있는데, 그중에서도 아플라톡신 B1은 자연계에서 만들어지는 최강의 발암 물질로 불린다.

모잠비크나 중국 일부 지역은 간암 발생률이 매우 높은 것으로 알려져 있는데, 원인은 아플라톡신에 오염된 식품으로 추측된다. 전 세계적으로 옥수수, 향신료, 견과류에서 종종 오염이 발견되고 있다.

주의해야 할 붉은곰팡이

붉은곰팡이는 푸사리움이라고도 하는데, 보리나 밀이 개화해 열매를 맺는 계절에 장마를 맞으면 붉은곰팡이가 달라붙어 증식하게 되고, 오염된 보리나 밀을 인간이 먹어 중독이 일어난다. 중독의 원인은 데옥시니발레놀, 니발레놀 등의 곰팡이독이다. 밀가루에 이런 곰팡이독이 섞여 들어가면 빵을 굽는 온도나 시간으로는 분해되지 않는다.

붉은곰팡이는 그 밖에 많은 종류의 곰팡이독을 생산하며, 습도가 높은 환경에서도 오랫동안 살아남는다. 따라서 식품, 채소, 과일을 보존할 때 충분한 주의를 기울여야 한다.

곰팡이가 핀 떡

떡은 겨울철 통풍이 잘되는 곳에 놓아두더라도 1주일 정도가 지나면 곰팡이가 핀다. 푸른곰팡이 가장 많고 검은곰팡이나 털곰팡이도 종종 핀다. 떡에 곰팡이가 피지 않게 하려면 곰팡이가 증식할 수 없는 환경을 만드는 것이 중요하다. 냉장고가 보급된 오늘날에는 떡을 냉동실에 넣어 얼리는 것이 가장 좋은 보관법으로, 냉동시키면 곰팡이는 피지 못하며 비닐봉투 등에 밀봉해 냉동 보관하면 언제라도 맛있게 먹을 수 있다.

그렇다면 떡에 곰팡이가 피면 어떻게 해야 할까? 곰팡이가 보이는 부분을 잘라내더라도 균사는 눈에 보이지 않는 다른 부분까지 퍼져 있다. 아깝지만 곰팡이가 핀 떡은 먹지 않는 편이 좋다.

욕실 벽·식품·옷 등에 피는 검은곰팡이

검은곰팡이는 욕실 벽에서 종종 볼 수 있는 검은색의 곰팡이로, 식품이나 옷에도 핀다. 공기 속을 떠도는 곰팡이 중 가장 많은 것이 검은곰팡이이며, 알레르기 질환의 원인이 되기도 한다. 욕실에서는 비누나 세제를 영양분 삼아 살아간다. 뜨거운 물이 닿는 곳에 검은곰팡이가 적은 이유는 30℃가 넘으면 살지 못하기 때문이다.

검은곰팡이의 살균에는 알코올이나 뜨거운 물로 씻어내는 방법이 효과적이지만 검은 때는 지워지지 않는다. 하얗게 만들려면 하이포아염소산이 들어 있는 곰팡이 제거제를 사용해야 한다. 평소 욕실에 곰팡이가 생기지 않게 하려면 욕실에 묻어 곰팡이의 먹이가 되는 비누나 세제를 씻어내고, 창문과 문을 열어 환기시킴으로써 습기를 없애는 것이 효과적이다.

PART 6

병을 일으키는 미생물이 있다

55

무엇이 다를까?

〈감기 · 인플루엔자 바이러스〉

감기와 인플루엔자는 증상이 매우 비슷하지만 원인은 전혀 다른 바이러스다. 우리가 왜 감기나 인플루엔자에 걸리는지 알아보자.

감기와 인플루엔자의 차이점

감기는 남녀노소를 불문하고 가장 많이 걸리는 병으로, 평생에 걸쳐 매년 2~5회 정도 감기에 걸린다고 한다. 증상으로는 콧물, 코 막힘, 목의 통증, 기침 등이 있고 가벼운 열이나 불쾌감을 동반할 때도 있다. 또 치료하지 않아도 3일에서 1주일 정도면 낫는다. 인플루엔자의 경우 갑자기 38℃ 이상의 열이 발생하고 두통이나 근육, 관절의 통증을 동반하며 불쾌감도 감기보다 강하게 나타난다. 보통은 1주일 정도면 낫는다. 감기와 인플루엔자의 증상을 정리하면 다음과 같다.

증상	감기	인플루엔자
발열	드물다.	일반적(39~40℃)이며 갑자기 시작된다.
두통	드물다.	일반적이다.
일반적인 불안감	약간 든다.	종종 매우 심해지며 결국은 쇠약해진다.
콧물	흔하다.	흔한 증상은 아니다.
목의 통증	흔하다.	상당히 적지만 일반적으로 통증이 있다.
구토 또는 설사	드물다.	일반적이다.

출처 : Brock 『미생물학』 옴샤(2003), p.946 그림 일부 수정

감기에 걸리는 이유

감기의 원인은 바이러스로, 라이노 바이러스 감염이 대부분 감기의 원인이며 지금까지 100가지가 넘는 유형이 밝혀졌다. 다음으로 많은 원인 바이러스는 코로나 바이러스로, 감기의 원인 중 15% 정도를 차지한다. 그 밖에 아데노 바이러스, 콕삭키 바이러스, 오르토믹소 바이러스 등도 감기를 일으킨다. 감기를 일으키는 바이러스는 200종류 이상이며, 이미 감염되었던 바이러스에 대한 면역이 생겨도 감염되지 않은 바이러스가 많이 남아 있기 때문에 우리는 계속해서 감기에 걸리게 된다.

감기는 자연 치유가 가능한 병이다. 감기의 치료법에는 대증 요법밖에 없으며 휴식, 보온과 보습, 영양 섭취가 중요하다. 감기에 걸렸을 때 검사를 하는 이유는 다른 심각한 병을 감별하기 위해서이므로 증상이 1주일 이상 계속되거나, 가벼워졌다가 다시 악화되거나, 열이 38℃ 이상일 경우 등은 검진을 받아볼 필요가 있다.

감기로 인해 병원을 찾으면 증상을 경감시키기 위한 약을 처방 받는데, 감기의 원인은 바이러스이므로 항생 물질은 효과가 없다. 이유는 항생 물질을 투여한다고 해서 빨리 낫지 않으며, 부작용이나 내성균이 출현하는 등의 문제가 발생하기 때문에 감기에는 항생 물질을 사용하지 않는다.

온몸에 영향을 미치는 인플루엔자

발에서부터 시작되는 오한, 무릎부터 넓적다리에 걸친 불쾌감, 39℃가 넘는 갑작스러운 발열 등 인플루엔자는 종종 이런 증상으로 시작된다. 사지의 근육이나 관절의 통증이 계속되고 불쾌감은 점점 강해진다. 이때는 인플루엔자 바이러스가 기도 점막의 상피세포에 널리 감염을 일으킨 상태로, 2~3일 전에 감염되었을 가능성이 크다.

인플루엔자에 걸렸을 때 여러 괴로운 증상이 나타나는 이유는 바이러스 감염에 대해 우리 몸의 면역 시스템이 총동원되어 사력을 다해 싸우고 있고, 이 싸움과 연동해 호르몬 분비 이상, 대사 장애, 스트레스성 반응 등이 일어나고 있기 때문이다. 즉, 인플루엔자는 온몸에 영향을 미치는 전신병이라고 할 수 있다.

쉽게 새로운 유형이 탄생하는 인플루엔자 바이러스

인플루엔자 바이러스는 단일 가닥의 RNA 바이러스라 애초에 DNA 바이러스보다 쉽게 변이된다. 여기에 인플루엔자 바이러스 유전자의 특별한 구조[1] 때문에 더더욱 변이가 쉽게 일어난다. 그래서 백신 접종을 통한 인플루엔자의 예방이 어려운 것이다.

인플루엔자 백신은 고령자나 병으로 쇠약해진 사람에게서 증상이 나타나는 것은 막지 못하지만, 중증으로 발전하는 사태를 막아 목숨을 구할 수는 있다. 앞으로 더 효과가 좋은 백신이 개발되기를 기대한다.

---

1 유전자가 8개의 부품으로 나누어져 있으며 하나하나를 다른 바이러스의 부품과 쉽게 교체할 수 있다.

인플루엔자 감염을 막는 가온과 가습

겨울에 인플루엔자가 유행하는 이유는 기온과 습도가 낮기 때문이라고 하는데, 실제로는 어떨까? 기온과 습도를 바꿔 인플루엔자 바이러스의 생존율을 조사한 실험에 따르면, 기온이 20~24℃라도 습도가 낮으면 인플루엔자 바이러스의 생존율은 낮아지지 않는다는 사실이 밝혀졌다. 즉, 추위가 반드시 바이러스의 생존율에 영향을 끼치는 것은 아니라는 의미다.

사실 바이러스의 생존율과 밀접한 관계가 있는 것은 절대습도(공기 $1m^3$ 속에 들어 있는 수증기의 질량을 g 단위로 나타낸 것)다. 절대습도와 기온의 변화가 매우 유사한 움직임을 보이기 때문에 추위가 바이러스의 생존율과 관계가 있는 것처럼 보였던 것이다. 다음의 그림은 일본 효고현의 두 곳에서 조사한 결과다. 방 안에서 난방과 가습을 통해 절대습도를 높이면 인플루엔자 바이러스의 감염력을 약화시킬 수 있다.

정점당 인플루엔자 환자 수와 절대습도·기온·상대습도의 관계

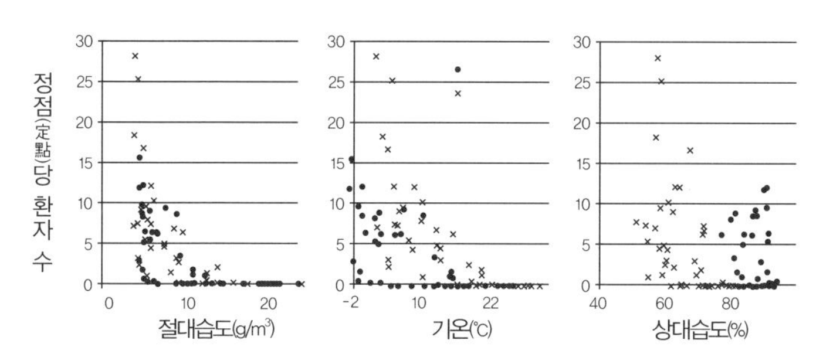

출처 : 우에시바 료타 등 『학교 약제사 업무에서의 절대습도 이용에 관한 제언』 YAKUGAKU ZASSHI, Vol.133, No.4, pp.479~483(2013) 그림 일부 수정

56 지금도 전 세계에서 매년 수백만 명의 생명을 앗아가고 있다? 〈결핵균〉

세계보건기구에 따르면 결핵은 전 세계 인구의 10대 사망 원인 중 하나로 매년 에이즈나 말라리아보다 더 많은 생명을 앗아가고 있다. 현재는 약으로 치료할 수 있게 되었지만 내성균이 출현하는 등 아직 과거의 병이 되지는 않았다.

결핵이란?

결핵은 결핵균이라는 세균이 원인이 되어 발생하는 병으로, 독일의 미생물학자인 로베르트 코흐가 1882년 결핵균을 처음 발견했다.[1] 과거 결핵은 전 세계 인구의 사망 원인 중 7분의 1을 차지할 정도로 인류에게 가장 중요한 감염병이었다. 안타깝게도 현재 한국은 OECD 회원국 중 결핵 발생률과 사망률이 가장 높고, 65세 이상의 고령자가 절반에 가까운 비율을 차지한다.

약 70년 전까지만 해도 결핵은 불치병이었다. 하지만 1944년 항생물질인 스트렙토마이신이 발견되고, 화학 요법제가 차례차례 탄생하면서 고칠 수 있는 병이 된 덕분에 환자 수가 감소했다. 하지만 여전히 결핵은 '과거의 병'이 아니다. 아직도 전 세계에서 매년 300만 명이 결핵으로 목숨을 잃고 있으며, 이는 전체 사망 원인의 5%에 해당한다.

---

1 1997년 세계보건기구는 결핵균을 발견한 3월 24일을 세계 결핵의 날로 제정했다.

여러 장기를 공격하는 결핵균

결핵에 걸린 사람이 기침이나 재채기를 하면 결핵균이 비말(물방울)에 섞여 날아가고(배균이라고 함), 이것을 다른 사람이 들이마셔서 감염이 발생한다. 감염이 되면 결핵균이 폐 등의 장기 속에서 활동을 시작하고 균이 증식해 몸의 조직이 파괴되는 것을 발병이라고 한다. 감염이 되었더라도 대부분은 발병하지 않으며 발병률은 10% 정도다.

폐에서 결핵이 발병하면 넓은 범위에 걸쳐 조직이 파괴되어 호흡하는 힘이 떨어진다. 치료하지 않으면 폐출혈, 각혈, 질식 등이 일어나고 결핵균이 몸속 곳곳으로 확산되어 사망에 이를 수 있다. 한편, 발병에 이르지 않는 경우 감염이 한정된 부위에 머무는데, 대부분 몸의 면역력이 결핵균을 몰아내지만 균이 몸속에 끈질기게 남아 있을 때도 있으며, 이럴 경우 면역 시스템의 세포가 결핵균을 감싸서 핵을 만든다. 결핵이라는 이름은 이 핵에서 유래했다.

산업혁명이 폐결핵의 유행을 불러왔다?

2008년 이스라엘 앞바다에 묻혀 있었던 9000년 전의 여성과 아이의 뼈에서 결핵의 흔적이 발견되었다. 또 1972년 발견된 중국 마왕퇴한묘(기원전 168년)에서도 매장된 여성의 미라에서 결핵의 병변이 발견되었다. 이런 사실들을 보면 인류가 오래전부터 결핵에 시달려 온 것으로 추측할 수 있는데, 크게 유행하게 된 시기는 근대가 되어서부터다.

18세기 영국에서 산업혁명이 일어나자 도시로 인구가 집중되기 시작했고 노동 조건이 가혹해졌으며, 주거 환경도 비위생적이고 열악해졌다. 이런 것들이 배경이 되어 영국에서는 결핵이 대유행을 하게 되고, 산업혁명이 다른 나라로 확대되자 결핵 역시 영국에서 세계로 확산되었다.

한국에서는 한국전쟁의 비극이 끝나고 경제 개발이 한창이던 1960~1970년대 열악한 보건 환경 아래 결핵이 크게 확산되었다.

결핵 검사의 종류

결핵 검사에는 주위에 결핵 환자가 발생했을 경우 등에 받는 감염 검사와 의심스러운 증상이 있을 경우에 받는 발병 검사가 있다. 대표적인 감염 검사는 IGRA(인터페론 감마 분비 검사)다. 결핵균에 대한 특이성이 높기 때문에 BCG(어릴 때 접종하는 결핵 백신)에는 반응하지 않는다. IGRA 검사 결과 양성이면 결핵에 감염되었을 가능성이 높다는 의미다. 투베르쿨린 반응(결핵균 감염 여부 또는 BCG 접종 효과의 반응을 진단하기 위한 검사-옮긴이)은 양성이라 해도 결핵에 감염된 것인지 BCG의 영향인지는 판별할 수 없기 때문에 현재는 거의 실시되지 않는다.

결핵이 발병했는지 아닌지는 X-선을 이용한 영상 진단이나 세균 검사로 판정한다. 흉부 X-선 촬영을 실시했는데, 의심스러운 그림자가 있을 때는 CT 촬영 등의 정밀 검사를 실시한다. 객담(가래) 검사를 실시하면 결핵균을 배균하고 있는지 아닌지 알 수 있다. 결핵균은 증식 속도가 느리기 때문에 배양해서 검사하는 데 수 주일이 걸려 균의 유전자를 증폭시켜 검사하는 방법이 개발되었고, 그 덕분에 최근에는 몇 시간 만에 판정할 수 있다.

결핵에 처음 감염된 지 상당한 시간이 흐른 뒤 외부에서 다시 감염되거나, 폐 속에서 면역 시스템의 세포가 억제하고 있었던 균이 다시 활성화되어 결핵이 발병하는 일이 있다(제2차 결핵증 또는 재활성화). 제2차 결핵증의 요인은 노화, 영양 부족, 과로, 스트레스, 호르몬 균형의 붕괴 등이다. 폐에 또다시 감염이 일어나면 만성적인 감염으로 진행될 때가 많으며 폐의 조직이 파괴되어 간다. 그리고 일시적으로 회복되더라도 감염된 부위는 석회화되어 남는다.

약을 올바르게 꾸준히 복용하는 것이 중요

결핵은 약을 먹으면 치료할 수 있다. 이때 중요한 점은 의사의 지시에 따라 약을 올바르게 복용하는 것과 치료가 완료될 때까지 꾸준히 복용하는 것이다.

결핵이 오늘날에도 수많은 사람의 생명을 앗아가는 이유는 무엇일까? 그 이유 중 하나는 항결핵제가 통하지 않는 내성균이 나타났기 때문이다. 치료 도중 복용을 멈추거나 지시받은 대로 약을 먹지 않으면 결핵균이 약에 내성을 갖게 되는 경우가 있다. 결핵 치료는 오랜 시간이 걸리는데, 내성균을 만들지 않도록 약을 올바르게 꾸준히 복용하는 것이 중요하다.

57 DNA 유전자설을 증명했다?

〈폐렴 구균〉

DNA가 유전자의 본체라는 사실은 지금으로부터 약 70년 전에 밝혀졌다. 그 연구에서 주역을 담당한 것이 바로 폐렴의 원인이 되는 폐렴 구균이라는 세균이다.

폐렴이란?

폐렴은 세균이나 바이러스 등이 원인이 되어 폐에 염증을 일으키는 병이다. 세균이나 바이러스가 코나 입을 통해 침입했을 때 건강한 사람은 목에서 차단할 수 있지만, 감기에 걸렸거나 면역 활동이 약할 때는 폐까지 침입해 염증을 일으킨다. 폐렴에 걸리면 기침이나 가래가 나오고, 숨을 쉴 때 쌕쌕거리는 소리를 내거나 호흡에 어려움을 겪는다. 고령자의 폐렴은 그다지 눈에 띄는 증상이 나타나지 않기 때문에 위독한 상태가 되어서야 깨달았을 때도 있으니 주의가 필요하다. 폐렴은 한국인의 사망 원인 3위를 차지하고 있다(1위는 암, 2위는 심장 질환).

폐렴은 원인이 되는 미생물에 따라 세균성 폐렴, 바이러스성 폐렴, 마이코플라스마 또는 클라미디아 같은 세균과 바이러스의 중간적 성질을 지닌 미생물이 원인인 비정형 폐렴 세 가지로 분류된다. 폐렴으로 입원한 환자의 원인 미생물을 조사한 논문을 보면 다음의 그래프처럼 폐렴 구균이 전체의 4분의 1이며, 폐렴 구균이 원인인 폐렴은 중증으로 발전하는 경우가 많다.

폐렴으로 입원한 환자의 원인 미생물

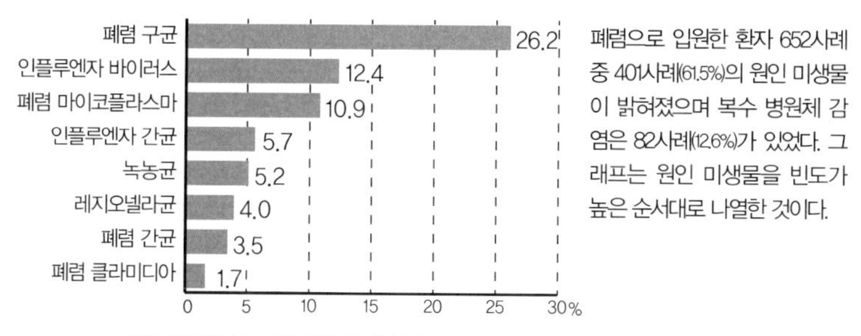

폐렴으로 입원한 환자 652사례 중 401사례(61.5%)의 원인 미생물이 밝혀졌으며 복수 병원체 감염은 82사례(12.6%)가 있었다. 그래프는 원인 미생물을 빈도가 높은 순서대로 나열한 것이다.

출처 : 다카야나기 노보루 외 『시중 폐렴 입원 증례의 연령별·중증도별 원인 미생물과 예후』 일본호흡회지, Vol.44, No.12, pp.906~915(2006) 바탕으로 작성

폐렴 구균이란?

세균은 다음의 그림처럼 세포의 형태에 따라 구균, 간균, 나선균 등으로 분류된다. 폐렴 구균은 폐렴 등의 원인이 되는 구균이라는 뜻이다. 과거에는 폐렴 쌍구균이라고도 불렸다.

세균의 형태에 따른 분류

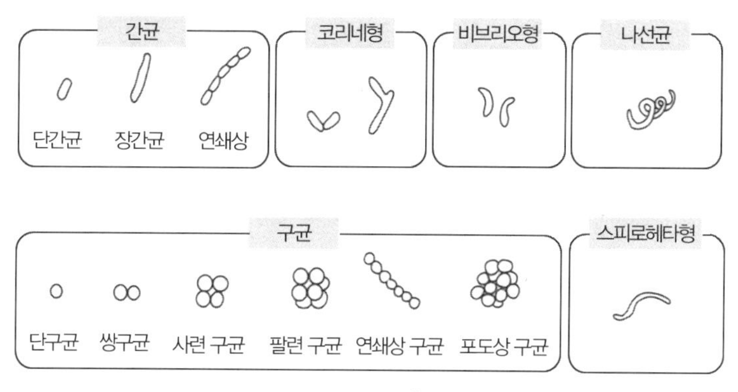

출처 : 아오키 겐지 『미생물학』 화학동인(2007), p.31

폐렴 구균은 폐렴 외 중이염의 원인이 되는 경우도 종종 있으며, 수막염이나 패혈증 같은 무거운 병도 일으킨다. 건강한 사람, 특히 어린이의 상기도(코에서 목으로 이어지는 공기의 통로)에 정착하기 쉬워 감기에 걸렸거나 면역 활동이 약해졌을 때 폐렴을 일으키고, 가정에서 부모형제 사이에 퍼지는 경우가 있다.

폐렴 구균이 원인이 되는 폐렴은 종종 무거운 후유증을 남기며 우리의 목숨을 빼앗기도 한다. 또 폐렴 구균은 인플루엔자 바이러스에 감염된 뒤 폐렴이 발생하는 중요한 원인 중 하나로도 알려져 있다. 1980년대 후반부터 페니실린 내성 폐렴 구균이 증가했고, 복수의 항생 물질이 듣지 않는 다제내성균도 세계적으로 문제가 되고 있다.

폐렴 구균 실험에서 유전자의 본체가 밝혀졌다?

폐렴 구균은 유전자 연구에서 중요한 역할을 담당한 것으로도 유명하다. 1928년 영국의 미생물학자인 프레드릭 그리피스는 폐렴 구균 배양에 성공하고, 콜로니(눈으로 볼 수 있는 미생물의 집단)의 표면이 매끄러운 S형과 까칠까칠한 R형 두 유형이 있음을 발견했다. 이 차이는 세포 표면에 협막(겔 형태의 점액 물질로 세포 주위를 둘러싸는 막)이 있느냐 없느냐에 따른 것이었다. 병원성은 협막을 가진 S형에만 있기 때문에 오른쪽 그림처럼 S형을 주사한 쥐는 폐렴으로 죽었지만, R형을 주사한 쥐는 폐렴이 걸리지 않아 죽지 않았다.

그리피스는 이어서 병원성이 있는 S형의 균을 열처리(60℃)한 뒤 병원성이 없는 R형과 함께 주사했다. 그러자 쥐는 폐렴에 걸려 죽고 말았는데, 쥐의 내부에서 R형이 S형으로 바뀐 것이었다. 게다가 일단 S형으로 바뀐 폐렴 구균은 세포 분열을 반복해도 계속 S형이었다. 즉, 유전적인 형질이 변해(형질 전환)버린 것이다.

폐렴 구균을 사용한 그리피스의 실험

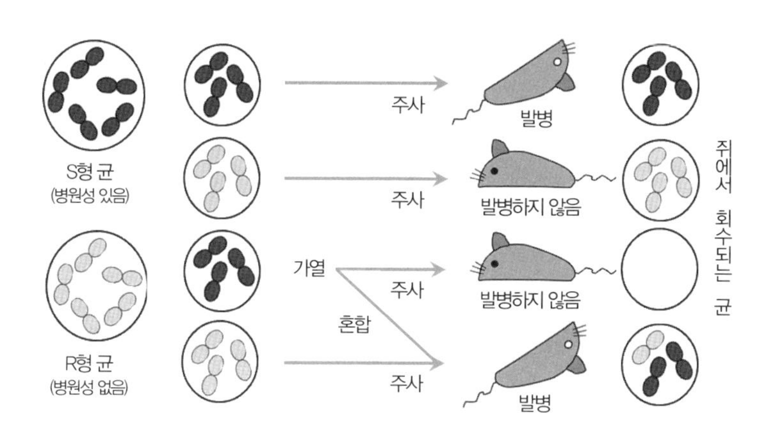

이 연구를 더욱 전진시킨 사람은 미국의 세균학자인 오즈월드 에이버리다. 그는 10년이라는 세월에 걸쳐 형질 전환을 일으키는 형질이 무엇인지 조사했다. 당시 갓 개발되었던 원심 분리기를 사용해 형질 전환 물질을 대량으로 추출하고 DNA, RNA, 단백질을 각각 분해하는 효소로 처리했다. 그 결과 DNA 분해 효소로 처리했을 때 형질 변화의 활성이 사라졌으며, RNA 분해 효소나 단백질 분해 효소로 처리했을 때는 활성이 사라지지 않았음을 알게 되었다. 이렇게 해서 1944년 유전자의 본체가 DNA임이 마침내 증명되었다. 바로 폐렴 구균이 주역이었던 연구를 통해서 말이다.

58 임산부가 걸리면 장애아가 태어난다? 〈풍진 바이러스〉

풍진은 가벼운 증상만 보이다 치유될 때가 많지만 임신 중인 여성이 감염되면 아기가 난청 등을 안고 태어날 수 있다. 하지만 백신의 접종으로 위험을 크게 줄일 수 있다.

풍진이란?

풍진은 풍진 바이러스가 원인이 되어 발생하는 병이다. 바이러스를 들이마시면 2~3주의 잠복기간을 거쳐 발병하며 주된 증상으로는 발진, 발열, 림프절 비대 등이 있다. 또 아동의 약 50%, 성인의 약 15%는 풍진 바이러스에 감염되더라도 뚜렷한 증상이 나타나지 않은 채 면역이 생긴다(불현성 감염). 아동은 풍진에 걸리더라도 대부분 가벼운 증상으로 끝나지만, 2,000~5,000명 중 1명 비율로 뇌염이나 혈소판감소성자반증 등의 합병증을 일으킬 수 있다.

가장 큰 문제인 선천성풍진증후군

임신 중인 여성이 풍진에 걸리면 태아가 풍진 바이러스에 감염되어 난청, 백내장, 심장 질환 등의 장애를 안고 태어날 수 있다. 이런 장애를 선천성풍진증후군이라고 하며, 임신 12주 이전에 일어날 가능성이 높다. 1964년 미국에서는 2만 명에 이르는 선천성풍진증후군 아기가 태어나 커다란 사회적 문제가 되기도 했다.

백신으로 예방이 가능한 풍진

1962년 풍진 바이러스의 분리와 1963~1965년 세계적인 풍진 대유행이 발단이 되어 1960년대 후반부터 백신 개발 연구가 진행되었고, 그 결과 안전하고 효과 높은 약독 생백신이 만들어졌다.

한국에서 풍진 예방접종의 대상은 소아와 성인으로 나누어져 있다. 소아의 경우 모든 영유아를 대상으로 MMR 예방접종을 생후 12~15개월과 만 4~6세에 각각 1회 진행하고, 성인의 경우 과거 접종 기록이 없으면서 해당 감염병에 걸린 적이 없거나, 항체가 확인되지 않았다면 적어도 1회 MMR 예방접종을 진행한다. 풍진 백신을 1회 접종한 사람에게 면역이 생기는 비율은 약 95%, 2회 접종한 사람은 약 99%다.

풍진 예방접종을 받은 적이 없는 사람은 가급적 빨리 받는 것이 바람직하다. 남성이 풍진에 걸리면 근처에 있는 임신 중인 여성이 풍진에 걸려 아기가 선천성풍진증후군이 될 위험이 있으니, 남성도 풍진 예방접종을 받아야 한다. 예방접종에 대한 상세한 정보는 질병관리본부 예방접종도우미(nip.cdc.go.kr) 사이트에서 참조할 수 있다.

59 중세 유럽 인구의 약 30%가 사망했다?

〈페스트균〉

페스트는 페스트균을 가진 벼룩이 쥐에게 기생해 퍼트리는 병이다. 인간의 이동과 함께 감염이 폭발적으로 증가해 크게 유행한 페스트는 세계 인구를 급감시켜 큰 영향을 끼쳤다.

페스트란?

페스트의 세계적 유행은 말라리아 다음으로 많은 사람의 목숨을 앗아갔다. 최대 규모의 유행이 일어났던 14세기에는 유럽 인구의 25~33%가 페스트로 사망한 것으로 추정되고 있다. 이제 이런 대참사는 일어나지 않게 되었지만, 그렇다고 과거의 병이 된 것도 아닌 것이 2010~2015년 세계에서 3,248명이 페스트에 걸렸고 584명이 목숨을 잃었다. 패혈증 페스트나 폐페스트는 특히 심각한데, 폐페스트의 경우 치료하지 않으면 반드시 사망한다.

가장 오래된 생물 병기

페스트를 일으키는 원인은 페스트균으로, 쥐벼룩이 전파한다. 쥐벼룩은 감염된 동물의 피를 빨아 페스트균을 갖게 되고, 쥐벼룩의 내장 속에서 증식한 페스트균은 그 쥐벼룩이 다음에 문 동물에게 다시 감염된다. 쥐벼룩은 집쥐에게 기생하고 인간의 피를 즐겨 빨아먹기 때문에 페스트의 유행에 크게 관여해왔다.

중세에 있었던 페스트의 대유행은 군사 행동이 기폭제가 되었다. 11~12세기 십자군은 배를 통해 곰쥐와 페스트균을 유럽으로 가져왔고 이것이 페스트의 대유행으로 이어졌다. 14세기 대유행의 배경에는 몽골군의 대이동이 있었는데, 이때 몽골군과 함께 곰쥐도 유럽으로 이동했다. 페스트가 가장 오래된 생물 병기였을 가능성이 있는 것이, 몽골군이 크림반도를 공격했을 때 페스트로 사망한 시체를 적의 성에 던져 넣었다고 한다.

페스트의 대유행은 사회에 커다란 영향을 끼쳤다. 농촌에서는 인구가 급감한 탓에 노동집약적인 곡물 재배에서 손이 많이 가지 않는 양의 방목으로 전환되었고 농민의 지위도 향상되었다. 영국에서는 11세기 노르만인 정복 이후 프랑스어로 교육이 실시되었는데, 페스트의 대유행으로 많은 프랑스어 교사가 죽는 바람에 자국어인 영어를 사용하는 교육이 활성화되었다.

재빠른 진단이 필수적

우리 몸속에 들어온 페스트균은 림프관을 이동해 림프절에 서혜 림프선종이라는 부종을 일으킨다(선페스트). 또 페스트균이 혈액의 흐름을 타고 온몸으로 퍼지면 패혈증 페스트가 되며 대부분은 진단되기 전에 사망한다. 페스트를 흑사병이라고 부르는 이유는 패혈증이 되면 무수한 출혈로 피부에 검은 반점이 나타나기 때문이다.

페스트균을 흡입해 폐에 들어가거나 선페스트에서 균이 폐에 도달하면 폐페스트가 된다. 치료하지 않으면 환자는 2일 이상 생존할 가능성이 낮으며, 폐페스트 환자를 즉시 격리하지 않으면 감염이 급속히 확대된다.

페스트는 빠르게 진단을 받으면 치료가 가능하며, 일반적으로는 스트렙토마이신 등의 항생 물질을 투여한다. 동물이 가진 병으로서의 페스트는 오세아니아 외의 모든 대륙에서 발견되고 있다.

60 인류의 진화에까지 영향을 끼쳤다?

<말라리아 원충>

현재도 연간 1억 명 이상이 감염되고 있는 말라리아. 아프리카 등의 유행지에서는 원래 생존에 불리한 유전자가 말라리아 저항성 덕분에 유리해짐으로써 인류의 진화에까지 영향을 끼쳐왔다.

말라리아란?

말라리아는 말라리아 원충이라는 원생동물이 일으키는 감염병으로, 모기가 매개체 역할을 한다. 오늘날에도 중대한 병으로, 전 세계에서 연간 1억 명 이상이 감염되고 있으며 매년 100만 명 이상이 목숨을 잃는다.

인간에게 감염되는 말라리아 원충에는 네 종류가 있다. 가장 광범위하게 퍼져 있는 것은 삼일열 말라리아 원충이고, 가장 심각한 증상을 일으키는 것은 열대열 말라리아 원충이다. 이 기생충들은 일생의 일부를 인간의 몸속에서, 일부를 모기의 몸속에서 보낸다.

말라리아를 전파하는 것은 학질모기속의 암컷뿐으로, 이 모기는 기온이 높은 지역에 살고 있기 때문에 말라리아는 주로 열대나 아열대 지방에서 발생한다.

말라리아가 저습 지대에서 많이 발생하는 까닭에 과거에는 나쁜 공기가 원인이 되어 일어난다고 여겨졌으며, 말라리아라는 병명도 이탈리아어 'mala aria(나쁜 공기)'에서 유래했다.

인간의 유전자에도 영향을 끼친다?

말라리아가 수천 년 전부터 유행했던 것으로 생각되는 아프리카에서는 헤모글로빈[1]에 이상이 있는 사람이 말라리아 저항성을 갖추고 있는 것으로 알려져 있는데, 겸상적혈구빈혈증도 그중 하나다.

겸상적혈구빈혈증은 빈혈과 호흡 곤란을 일으키기 때문에 인간의 생존에는 불리하지만, 말라리아 원충이 침입하면 취약한 적혈구가 파괴되어 헤모글로빈이 빠져나가기 때문에 원충이 증식하지 못한다. 이렇게 말라리아 저항성을 지니고 있는 덕분에 아프리카에서는 생존에 불리한 유전자를 가진 사람이 오히려 생존 확률이 높았던 것이다.

말라리아는 인류의 진화에 커다란 영향을 끼쳐왔다. 이와 비슷한 것으로 주조직 적합성 항원 유전자가 있다. 말라리아가 많은 서아프리카에서는 특정 주조직 적합성 항원 유전자를 가진 사람이 일반적인데, 다른 지역에서는 이 유전자를 가진 사람을 거의 찾아볼 수 없다. 이 주조직 적합성 항원 유전자에서 만들어지는 단백질은 말라리아 항원에 강력한 면역 반응을 일으키기 때문에 말라리아 원충의 감염에 대한 내성이 높아진다.

결핵균이나 페스트균도 인류의 진화에 영향을 끼치고 있다고 여겨지지만, 말라리아처럼 분명하게 확인되지는 않았다.

1 적혈구에 들어 있는 빨간색 단백질로, 산소를 운반하는 역할을 한다. 겸상적혈구빈혈증이 있는 사람은 헤모글로빈의 단백질이 돌연변이를 일으켜 적혈구가 낫 모양이 되며 이 때문에 산소의 운반 능력이 떨어진다.

말라리아 예방법

세계보건기구의 통계에 따르면 전 세계 100개국 정도에서 말라리아가 전파되고 있다. 말라리아의 예방법에는 '① 말라리아의 발병 위험 인식, ② 모기 방어 대책 수립, ③ 예방약 복용, ④ 조기 진단과 치료' 네 가지가 있다.

① 말라리아 발병 위험 확인하기

국가나 지역에 따라 네 종류의 말라리아 원충 중 무엇이 유행하고 있으며 약제 내성 상황은 어떤지가 모두 다르다. 여행하는 지역의 말라리아 유행 상황과 함께 말라리아의 유형이나 약제 내성 상황을 조사해 놓아야 한다.

② 모기 방어하기

말라리아는 학질모기가 매개체가 되므로 이 모기를 막는 것이 말라리아 대책의 기본이다. 긴팔 상의나 긴바지를 착용해 피부의 노출을 줄이고 모기를 쫓는 약도 사용하는 것이 좋다. 모기장 사용도 모기를 막는 데 효과적이다.

③ 예방약 복용하기

말라리아 유행지에 갈 때는 ①과 ②의 예방법과 더불어 예방약을 복용해야 한다. 열대열 말라리아 유행지나 말라리아에 걸려도 의료 서비스를 받을 수 없는 지역에 갈 때는 예방약의 복용이 특히 중요하다. 다만 100% 예방이 가능한 약은 없다는 점과 예방약에는 부작용이 따른다는 점을 주의해야 한다.

④ 조기 진단과 치료하기

열대열 말라리아는 단기간에 중증으로 발전해 사망 위험이 높다. 말라리아는 조기 진단과 치료가 매우 중요하다.

61 에어컨이 원인이 되어 사망하는 경우도 있다?

〈레지오넬라균〉

레지오넬라균은 온천이나 24시간 온수정화 시스템을 설치한 가정의 목욕물에서 종종 발견되며 심각한 폐렴을 일으킨다. 오염을 방지하려면 수온 관리 등 레지오넬라균의 증식을 막아야 한다.

우리와 함께 살고 있는 환경 상재균

우리 주위에는 여러 다종다양한 미생물이 몰래 살고 있는데, 이런 미생물을 환경 상재균이라고 한다. 인간은 생활의 편리성을 높이기 위해 생활 공간에 여러 인공적인 환경을 만들어왔다. 물을 이용하는 시설도 그중 하나로, 이런 시설은 환경 상재균에게도 아주 살기 좋은 환경인 경우가 종종 있어, 이 환경 상재균이 대량으로 번식해 우리의 건강에 중대한 문제를 일으키기도 한다. 레지오넬라라는 세균이 일으키는 병도 마찬가지다.

미국의 집단 감염 사건

레지오넬라균이 발견된 지는 오래되지 않았다. 1976년 7월 미국 필라델피아의 한 호텔에서 재향군인회의 연차 총회가 열려 4,000명 이상이 참석했는데, 이들 중 고열, 오한, 극도의 쇠약, 심한 폐렴 증상을 보이는 환자가 속속 발생했다. 또 호텔 주위 통행인 중에서도 환자가 발생해 환자의 수는 221명에 이르렀으며, 이 중 34명이 사망했다.

미국의 질병예방통제센터에서 원인을 조사했지만 기존에 알려진 세균, 바이러스, 화학 물질 중 어느 것도 원인이 아니었으며 얼마 뒤 사망한 환자의 폐조직에서 원인이 되는 미지의 세균을 발견했다.[1] 그 균에는 'legion(재향군인회)'에서 유래한 '레지오넬라(legionella)'라는 이름이 붙여졌고, 이 균이 일으키는 병은 '재향군인병(레지오넬라 폐렴)'으로 불린다. 감염 경로에 대해서는 레지오넬라균에 오염된 공조용 냉각탑의 물이 에어로졸(공기 속을 떠도는 아주 작은 액체나 고체 입자) 형태로 호텔 안에 흘러들었고, 로비 등에 있던 사람들이 그 에어로졸을 들이마셨을 것으로 추정되었다.

레지오넬라증 집단 감염 사례

● **일본 미야자키현 휴가시의 신설 온천에서 집단 감염 발생**

휴가시의 선파크 온천에서 1992년 6월 20일부터 7월 23일까지 입욕한 사람 1만 9,773명 중 295명이 레지오넬라증에 걸렸고 7명이 사망했다. 욕조의 물에서 유리염소가 검출되지 않는 등 위생 관리가 부적절했던 탓에 개장한 지 얼마 되지 않은 시설이었음에도 욕조의 물을 비롯해 여과장치의 여과재, 배관 곳곳에서 레지오넬라균이 고농도로 검출되었다.

● **일본 게이오대학병원 신생아실에서 집단 감염 발생**

신생아실에 수용되었던 신생아 3명이 1996년 1월 11일부터 2월 12일까지 레지오넬라 폐렴을 일으켜 1명이 사망했다. 신생아실의 저수조, 온수 탱크를 경유한 물(온수 수도꼭지, 샤워기, 가습기, 우유 가열기) 등에서 레지오넬라균이 검출되었다.

출처 : 오카다 미카 외, 감염증학회지, Vol.79, No.6, pp.365~374(2005),
사이토 아쓰시, 일본내과학회잡지, Vol.86, No.11, pp.29~35(1997)

1 이 발견을 계기로 이전에 원인 불명의 발열 증상을 보였던 환자의 혈청을 조사한 결과 이미 1965년경부터 레지오넬라균의 집단 감염이 있었음이 밝혀졌다.

자연계에서는 수가 적고 분열도 느린 레지오넬라균

레지오넬라균은 본래 토양, 하천, 호수 등의 자연에 널리 분포하는 환경 상재균으로, 일반적으로는 수가 적고 대장균에 비해 분열 속도가 매우 느리다(배양 시 레지오넬라균은 4~6시간에 1회, 대장균은 15~20분에 1회). 그런데 공조용 냉각탑이나 순환식 욕조 등에서는 따뜻한 물이 장치 속에서 계속 순환되며 사용되기 때문에 다양한 세균이나 원생동물이 생식하는 바이오필름(미생물이 기구 등의 표면에 형성하는 점질 또는 한천 상태의 막 모양 구조물)이 생기기 쉽다. 그래서 레지오넬라균의 번식에 필요한 아메바나 미세 조류 등의 공생 미생물이 번식하기 좋은 곳이 되고, 분열이 느린 레지오넬라균의 번식에 필요한 시간과 환경이 갖추어지는 것이다.

세계적으로 레지오넬라증의 발병 빈도는 공조용 냉각탑과 욕조 등의 급탕 시스템에서 가장 많으며, 토양 세균인 까닭에 흙먼지나 원예용 배양토에서 감염되는 사례도 보고되고 있다.

중증화되는 레지오넬라 폐렴

레지오넬라균에 감염되었을 때 발생하는 병에는 레지오넬라 폐렴과 폰티악열이 있는데, 특징은 다음과 같다.

▼ 레지오넬라 폐렴

오한, 발열, 전신 권태감, 근육통 등이 나타난 뒤 며칠 안에 마른기침, 가래, 흉통, 호흡 곤란 등을 보이게 된다. 진행이 빠르고 증상이 심할 경우 호흡 부전으로 사망한다.

▼ 폰티악열

발열이 주된 증상이며 오한, 근육통, 두통, 가벼운 기침이 나타나지만 폐렴은 동반하지 않는다. 대부분은 5일 안에 치료 없이 회복되며 사망 사례는 없다. 집단으로 발생하지 않은 경우 폰티악열을 의심하기는 어렵다.

레지오넬라 폐렴은 초기에는 다른 폐렴과 증상이 크게 다르지 않기 때문에 임상 검사를 통해 확정 진단을 받을 필요가 있다. 레지오넬라 폐렴은 진행이 빨라 치료가 늦어지면 치명적이기 때문에 이 병이 의심되는 시점에 항생 물질의 투여가 시작된다. 치료법으로는 항생 물질 외에 산소 요법, 호흡 보조 요법, 경우에 따라서는 스테로이드 호르몬의 장기 대량 요법이 실시된다. 증상이 나타난 지 5일 안에 치료가 시작되면 대부분의 경우 목숨을 건질 수 있는 것으로 알려져 있다.

레지오넬라균의 오염 방지 대책

레지오넬라균은 온천이나 24시간 온수정화 시스템을 설치한 가정의 목욕물에서 높은 확률로 검출되며, 병원의 신생아실이나 사우나의 급탕 시스템이 오염되어 감염되는 사례도 있다.

수돗물은 잔류 염소 농도가 수도꼭지에서 0.1ppm(mg/L) 이상이면 안전하다고 여겨지지만, 욕조에 받아 놓고 계속 가열하면 염소가 증발해버리기 때문에 균이 증식할 수 있다. 또 빌딩의 급탕 시스템의 경우 에너지 절약이나 화상을 방지하기 위해 보일러의 설정 온도를 낮추는 곳이 많기 때문에 증식이 가능하다. 미국 질병예방통제센터의 원내 감염 방지 가이드라인을 보면 음용수의 온도는 말단의 수도꼭지에서 50℃ 이상 및 20℃ 미만, 온수의 잔류 염소 농도는 1~2ppm으로 규정되어 있다.

레지오넬라균 오염을 방지하기 위해서는 바이오필름이 형성되기 힘든 재질, 국소적인 물의 정체가 일어나지 않는 구조, 먼지 등이 잘 들어가지 않는 환기 시설을 선택하고, 레지오넬라균이 증식 가능한 20~50℃ 외 온도를 유지하는 등의 대책을 실시하도록 한다. 바이오필름이 형성될 시간을 주지 않는 빈도로 청소할 것도 요구된다.[2]

---

2 바이오필름이 형성되면 소독제가 안으로 들어가지 못하며 레지오넬라균이 기생하는 아메바도 소독제에 대한 보호막 역할을 한다.

62
약물 치료로 장기 생존이 가능해졌다?
<인간 면역 결핍 바이러스>

인간 면역 결핍 바이러스가 원인인 후천성면역결핍증후군은 세계 3대 감염병 중 하나로, 매년 약 100만 명이 사망한다. 하지만 이 병에 걸렸더라도 치료약을 올바르게 복용하면 목숨을 잃지 않을 수 있다.

병을 일으키는 바이러스

1981년 면역 활동이 심하게 저하되어 기회 감염(일반적인 면역 반응을 가진 사람이라면 거의 걸리지 않는 감염 증상을 보이는 것)을 일으키는 기묘한 병이 미국에서 발견되었다. 특히 많았던 것은 진균류인 폐포자충이 일으키는 폐렴이었다. 같은 병이 계속해서 보고되자 미국의 질병예방통제센터는 이 병을 후천성면역결핍증후군(이하 에이즈)이라고 이름 붙였다.

에이즈는 남성 동성애자나 약물 정맥주사를 상습적으로 이용하는 사람에게 많이 나타났으며, 혈액 제제를 사용했던 혈우병 환자에게서도 많이 발견되었다.

혈액 또는 체액과 에이즈 감염의 인과관계를 실마리로 감염 경로가 점차 밝혀졌고, 1983년 마침내 프랑스의 뤼크 몽타니에 등이 에이즈 환자로부터 원인이 되는 바이러스를 발견했다. 바로 인간 면역 결핍 바이러스다.

연간 100만 명이 사망한다?

전 세계적으로 인간 면역 결핍 바이러스에 연간 약 180만 명이 새로 감염되고, 약 100만 명이 에이즈로 사망한다. 그래서 에이즈는 결핵, 말라리아와 함께 세계 3대 감염병으로 불린다. 한편, 전 세계 신규 인간 면역 결핍 바이러스 감염자 수는 서서히 감소하기 시작했으며, 치료약과 치료법의 진보로 감염자의 예후가 비약적으로 좋아졌다. 또 개발도상국에도 치료약을 보급하자는 운동이 확산되어 치료를 받는 사람의 비율이 증가했고, 아동(15세 미만) 신규 감염자도 감소했다.

바이러스의 감염 경과

인간 면역 결핍 바이러스에 감염되면 '급성 감염기→무증상기→에이즈기'라는 경과를 거친다.

▼ 급성 감염기

인간 면역 결핍 바이러스는 림프조직에서 급속히 증식해 감염 뒤 1~2주 만에 혈액 1mL당 바이러스가 100만 개나 있는 상태(바이러스 혈증)가 된다. 약 절반의 환자에게서 발열, 발진, 림프절 부종 등의 증상이 나타나고 이 시기에 진단할 수 있으면 그 뒤의 치료나 경과가 압도적으로 유리해진다.

▼ 무증상기

인간 면역 결핍 바이러스에 대한 특이적인 면역 반응으로 바이러스의 양이 감소하고 증식하는 바이러스와 이를 억제하려는 면역 시스템이 팽팽히 맞서 안정된 값이 된다. 이 상태는 수년에서 10년 정도 지속되며 이 기간 동안은 거의 증상이 없는 채로 보낸다.

▼ 에이즈기

인간 면역 결핍 바이러스의 표적이 되는 것은 표면에 CD4라는 단백질을 가진 림프구(CD4 림프구)다. 인간 면역 결핍 바이러스 감염이 더욱 진행되면 CD4 림프구가 급격히 감소하는데, 1mm³ 당 200개를 밑돌면 폐포자충 폐렴 등의 기회 감염병에 걸리기 쉬워지고, 50개를 밑돌면 사이토메갈로 바이러스 감염병이나 비정형 항산균증을 일으키게 된다. 이는 일반적인 면역 상태에서는 거의 볼 수 없는 병으로 이 상태가 바로 에이즈다.

CD4 림프구의 감소와 인간 면역 결핍 바이러스(HIV) 감염의 진행

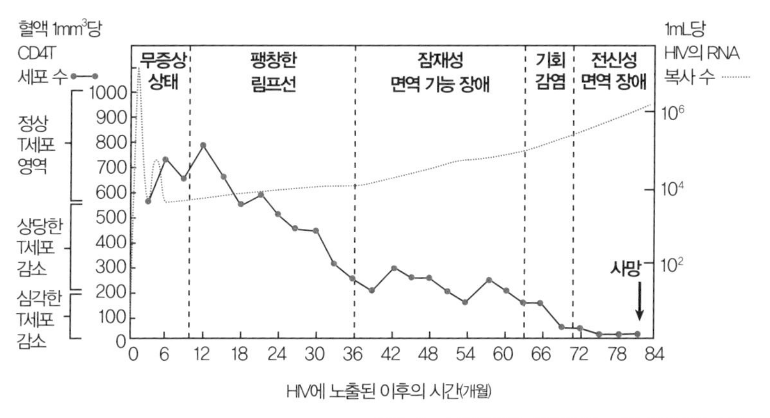

출처 : Brock 『미생물학』 옴샤(2003), p.961 그림 일부 수정

치료약의 복용은 100%가 목표

현재는 항HIV약을 올바르게 복용하면 바이러스의 양을 측정 감도 이하로 억제할 수 있어 에이즈기에 이르는 일이 거의 없어졌다. 하지만 치료를 중단하면 아무리 장기간 바이러스 증식을 억제해왔더라도 순식간에 바이러스 활성화가 일어나 CD4 림프구가 감소하며 에이즈에 걸린다. 항HIV약의 복용은 100%를 지향하는 것이 중요하

다. 80~90%만 복용하면 혈액 속 약물의 농도가 낮아져 바이러스 증식이 일어나기 때문에 내성 바이러스의 출현 위험이 높아진다.

약을 이용한 치료는 세 종류 이상의 항HIV약을 조합해 복용하는 다제 병용 요법이 표준적으로, 바이러스가 세 종류 이상의 약에 대한 내성을 동시에 갖춰야 하기 때문에 약제 내성 바이러스가 출현할 가능성이 낮아진다. 이런 치료를 통해 에이즈는 만성 질환[1]이 되어 가고 있으며 이에 따라 병행해서 일어나는 지질 이상, 골 대사 이상, 당 대사 이상, 신장 기능 장애, 악성 종양의 제어가 과제가 되고 있다.

인간 면역 결핍 바이러스에 효과가 있는 백신은 아직 없다. 인간 면역 결핍 바이러스 감염의 확산을 방지하는 방법은 안전성이 낮은 성행위나 마약 정맥주사(바늘의 병용) 등의 위험한 행동을 삼가는 것뿐이다. 에이즈에 관한 지식을 넓혀 개개인이 감염의 위험을 방지하기 위한 대책을 강구하는 것이 에이즈의 효과적인 예방법이다.

---

1 몸에 나타나는 변화가 느려 장기간의 경과를 거치는 질환이다. 급성 질환과 대비되어 쓰인다.

63

모자 감염의 방지로 보균자화가 격감했다?

<B형 간염 바이러스>

B형 간염 바이러스의 감염은 만성 간 질환이나 간암의 원인이 된다. 보균자화의 원인은 대부분 영유아기의 감염으로, 출생아에 대한 감염 방지가 큰 효과를 나타냈다.

간염 바이러스란?

간염 바이러스는 간에서 주로 증식해 간염을 일으키는 바이러스의 총칭이다. 음식물을 매개체로 경구 감염되는 유행성 간염 바이러스와 혈액이나 체액을 매개체로 감염되는 혈청 간염 바이러스로 나뉜다. B형 간염 바이러스는 후자에 속하며 급성 간염, 만성 간 질환(만성 간염, 간경변), 간암의 원인이 된다. B형 간염 바이러스로부터 기인한 만성 간 질환은 다음과 같은 과정을 거친다.

B형 간염의 자연 경과

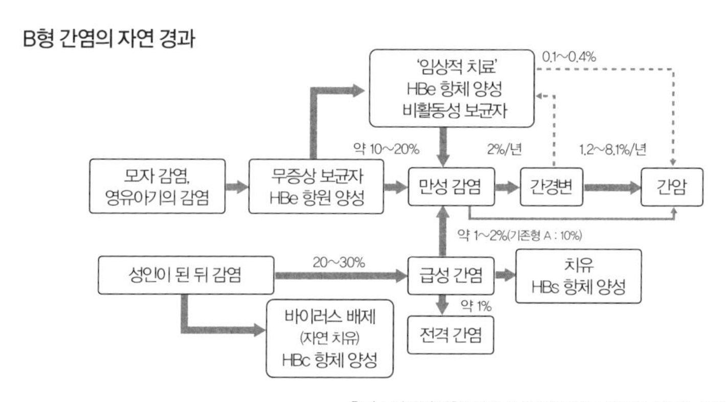

출처 : 일본간염학회 『만성 간염의 치료 가이드 2008』 일부 수정

두 가지 감염 경로

B형 간염 바이러스의 감염에는 감염이 지속되는 지속 감염과 핏속에서 바이러스가 배제되는 일과성 감염이 있다. 지속 감염의 감염 경로는 대부분 보균자인 어머니에게서 태어날 때 감염되는 수직 감염(모자 감염)인데, 영유아기 가정 등에서 수평 감염되는 경우(부자 감염 등)도 있다. 성인의 경우 수평 감염만 있다.

보균자화를 막으면 장기적으로 간암을 없앨 수 있다?

B형 간염 바이러스 보균자의 대부분은 영유아기의 감염이 원인이므로, 산모에게서 출생아에게로 수직 감염이 되는 것을 막는다면 보균자를 줄여 미래의 만성 간 질환이나 간암을 예방할 수 있다. 일본에서는 임산부가 보균자일 경우 출생아의 약 25%가 B형 간염 바이러스 보균자가 되는데, 이 가운데 HBe 항원 양성인 경우 85~90%가 보균자가 되지만 HBe 항체 양성인 경우는 거의 보균자가 되지 않는다.[1] 그러므로 새로운 B형 간염 바이러스 보균자를 줄이기 위해서는 HBe 항원 양성인 산모에게서 출생아에게로 감염되는 상황을 막는 것이 효과적이다. 방법은 출생 직후 B형 간염 면역 글로불린을 투여해 혈액 속 HBs 항체를 상승시킨 뒤 HB 백신을 반복 투여해 혈중 HBs 항체 양성을 유지시키는 것이다.

---

1 항원은 바이러스 등의 이물(異物), 항체는 항원을 인식하고 결합해 면역 반응을 일으키는 분자다. B형 간염 바이러스 유래의 항원이나 그 항원에 대한 항체를 조사하면 병의 진행 상황을 알 수 있다.

64
세계 인구의 절반이 감염되었다?
〈파일로리균〉

파일로리균은 1980년대 발견된 새로운 세균이다. 균이 살지 않는다고 생각되었던 인간의 위에 살고 있으며 다양한 병의 원인이 될 가능성이 지적되고 있다.

파일로리균이란?

파일로리균의 정식 명칭은 헬리코박터 파일로리다. 캄필로박터(170쪽 참조) 등과 같은 부류로, 인간 등의 위에 사는 나선형 세균(그람음성, 미호기성)이다. 1983년 오스트레일리아의 로빈 워런과 배리 마셜이 발견했다. 두 사람은 이 공로로 노벨 생리학·의학상을 받았다.

위 내부에 세균이 있다는 보고는 1800년대부터 있었지만 세균을 배양할 수 없었고, 위는 위액에 들어 있는 염산 때문에 강한 산성으로 유지되고 있어 세균이 살 수 없다고 여겨졌다. 그래서 잘못된 보고라는 의견이 주류였다. 게다가 1954년 미국의 에디 파머라는 병리학자가 생검(위의 조직을 내시경으로 채취해 검사하는 것) 1,100사례를 조사한 결과, 위 속에 세균이 없었다고 보고한 것이 결정타가 되어 그 뒤 한참 동안은 위 속은 무균 상태라고 여겨졌다. 그러나 1983년 워런과 마셜이 매우 한정된 조건에서만 살 수 있는 나선 모양의 균을 배양하는 데 성공한다. 처음에는 캄필로박터의 일종으로 기재되었지만, 나중에 새로운 속이 설정되어 헬리코박터 파일로리라는 이름이 되었다.

높은 감염율과 병원성

헬리코박터 파일로리균은 위 점액 속의 요소를 암모니아와 이산화탄소로 분해하고, 이 암모니아로 위산을 중화시키면서 위 표면에 감염된다는 사실이 밝혀졌다. 이 감염은 감염자의 30% 정도에게 만성 위염을 일으키며 위궤양, 십이지장궤양, 위암 등 다양한 병을 일으킨다. 위궤양의 70~90%에서 헬리코박터 파일로리균의 감염이 발견되어 국제암연구소에서는 이 세균을 1급 발암 물질로 분류했다.

세계 인구의 절반 정도가 헬리코박터 피일로리균의 감염자로 추정되며, 한국에서는 20년 전만 해도 국민의 80% 정도가 감염되어 있었지만 점차 생활 수준이 높아지고 계몽을 하면서 현재는 50%까지 떨어졌다.

최근에는 내시경을 사용한 검사 외에 요소 호기 검사, 혈청·소변 항체 측정법, 대변 항원 검사 같은 검사도 실시할 수 있게 되었다.

65 같은 바이러스가 다른 병을 일으킨다?

〈수두 대상포진 바이러스〉

수두와 대상포진은 다른 병이지만 같은 바이러스가 원인이 되어 발생한다. 어렸을 때 수두를 일으켰던 바이러스가 잠복했다가 나중에 대상포진을 일으키는 것이다.

수두와 대상포진은 같은 바이러스가 원인이다?

수두와 대상포진의 원인이 되는 것은 수두 대상포진 바이러스다. 수두는 대체로 유아가 감염되어 발병하며 1주일 정도면 낫지만, 바이러스는 몸속에 머물며 잠복한다. 그리고 나중에 여러 원인으로 인해 면역력이 떨어지면 다시 활동과 증식을 해서 대상포진을 일으킨다.

감염력이 강한 수두

수두 바이러스에 감염되면 몸속에서 증식한 뒤 피부에 도달해 수포(물집)를 만든다. 이 수포는 금방 나으며 흉터는 거의 남지 않는다.

수두는 감염성이 매우 높은 것이 특징이다. 어린 학생들은 교실 등의 좁은 장소에 모여 지내기 때문에 감염된 급우나 오염된 매개물에 접촉할 기회가 많아 수두가 잘 퍼진다. 수두는 대부분의 경우 가벼운 증상만으로 끝나지만 급성 백혈병이나 네프로제증후군 등에 걸려 면역을 억제하는 약으로 치료 중인 아이가 수두에 걸리면 증상이 심각해져 사망하기도 한다.

통증이 심한 대상포진

수두가 나은 뒤 신경세포에 숨어 있었던 바이러스는 노화, 과로, 스트레스를 계기로 면역력이 떨어졌을 때 또다시 활동을 시작하는 경우가 있다. 바이러스는 신경을 통해 피부로 이동하고 통증을 동반하는 발진을 일으킨다. 이것이 바로 대상포진이며 보통 2~3주면 낫는다.[1]

발진은 신경을 따라 띠 모양으로 생긴 뒤 중앙부에 오목한 물집이 생긴다. 통증이 매우 심한 것이 특징으로, 피부 증상이 가라앉으면 보통은 통증도 사라지지만 그 뒤에도 따끔따끔한 아픔이 계속되기도 한다. 이는 급성기의 염증으로, 신경이 손상된 것이 원인이며 대상포진 뒤 찾아오는 신경통이라는 골치 아픈 후유증이다.

백신 접종이 효과적

수두는 백신으로 예방할 수 있다. 건강한 아이는 물론이고 급성 백혈병 등에 걸린 아이에게도 안전하고 효과적인 백신이 개발되었다.

대상포진 치료의 중심은 항바이러스제로, 급성기의 피부 증상이나 통증을 완화시키고 나을 때까지의 기간을 단축시킬 수 있다. 통증에는 소염 진통제를 처방하거나 신경 차단을 실시하기도 한다. 어렸을 때 수두 백신을 접종하면 장래에 대상포진의 발병 예방으로 이어질 가능성이 있다.

---

1 수두와 달리 대상포진의 형태로 다른 사람에게 전염되는 일은 없다. 다만 수두에 걸린 적이 없는 사람에게는 수두의 형태로 전염될 때가 있다.

66

인간과 동물이 공통적으로 감염된다?

〈에키노코쿠스·광견병 바이러스〉

동물 유래 감염병은 인간과 동물이 공통적으로 감염되는 병이다. 인수 공통 감염병으로도 불리며 이 책에서 다룬 다양한 미생물에 의한 감염병이 여기에 해당된다.

동물 유래 감염병이란?

동물 유래 감염병은 동물이 가지고 있는 병원체가 동물에게 물리거나 할퀸 상처, 벼룩이나 모기 등의 매개체, 물이나 흙 등을 통해 인간에게 감염되어 발생하는 병이다. 감염원이 되는 동물에는 애완동물이나 가축 등이 많지만 야생동물도 포함된다.

병원체도 바이러스, 리케치아, 클라미디아, 세균, 진균, 기생충, 프리온 등 매우 다양하다. 광우병을 일으키는 변이 프리온(자기 복제 단백질)이 인간에게 감염되어 발생하는 변이형 크로이츠펠트-야콥병 때문에 한국에서 미국산 소고기 수입이 큰 논란이 된 적도 있었다.

이 책에서 다룬 미생물 중에도 동물 유래 감염병의 원인이 되는 것이 다수 있다. 식중독을 일으키는 E형 간염(바이러스), 살모넬라, 캄필로박터(세균), 크립토스포리디움(원충) 등이 여기에 해당된다. 동물 유래 감염병 중에서도 심각한 증상을 일으키는 에키노코쿠스와 광견병을 알아보도록 하겠다.

북방여우에서 유래한 에키노코쿠스

에키노코쿠스는 개과 동물을 최종 숙주로 삼는 기생충으로, 촌충 등의 부류다. 흙에 섞인 알이 중간 숙주인 들쥐 등의 몸에 들어가면 몸속에서 다포충이라는 유충이 된다. 그리고 이 다포충을 몸속에 지닌 동물이 개과 동물에게 먹히면 개과 동물의 몸속에서 성충이 된다. 그런데 에키노코쿠스의 알을 인간이 먹게 되면 몸속(간)에서 다포충이 증가하고, 이 다포충을 제거할 방법은 외과 수술밖에 없다.

광견병 청정 국가

광견병은 광견병 바이러스를 가진 동물(개, 고양이, 야생 포유동물)이 물거나 할큄으로써 감염되는 인수 공통 감염병으로, 증세가 나타나면 대개 100% 사망하는 무서운 감염병이다. 거의 전 세계에서 발생하고 있는데, 일본은 광견병이 발견되지 않는 많지 않은 청정 국가[1] 중 하나로 1956년 이후 개의 광견병이 보고되지 않고 있다. 백신 접종을 통해 감염을 예방할 수 있으므로, 외국에 가기 전 예방접종을 권하며 애완견에게 광견병 예방주사 맞히기를 의무화하고 있다.

세계적으로 광견병이 발생하지 않고 있는 청정 국가는 그리 많지 않다. 인도나 중국에서는 다수의 감염자가 발생하고 있고, 북아메리카에서도 동물로부터 지속적으로 검출되고 있다.

---

1 광견병 청정 국가에는 영국(그레이트브리튼섬, 북아일랜드), 아일랜드, 아이슬란드, 노르웨이, 스웨덴, 오스트레일리아, 뉴질랜드 등이 있다.

유입과 감염에 대한 경계

광견병이 유행하고 있는 지역으로 해외여행을 갈 때는 예방접종을 하고 야생동물에게 함부로 다가가지 않는 등의 주의가 필요하다.

오늘날 자연 파괴가 진행되면서 지금까지 인간과 접촉한 적이 없었던 동물이 가져오는 신흥 감염병(에볼라 출혈열, 사스, 메르스 등)과 지구온난화로 열대 감염병(뎅기열, 말라리아 등)의 발생이 우려되고 있으며, 애완동물 열풍에 편승해 야생동물이 수입되면서 새로운 감염병도 함께 들어올 위험 역시 존재한다. 앞으로 더욱 주의를 기울여 예방에 힘써야 할 것이다.

집필진

각 번호는 집필한 주제(차례 번호별)입니다.
* 직함은 원서 집필 시점의 것입니다.
* [29]번은 공저입니다.

아오노 히로유키 青野 裕幸
무한한 즐거움을 퍼뜨리는 프로젝트 대표
[04] [20] [23] [24] [25] [26] [27] [29] [30] [31] [33]

고다마 가즈야 児玉 一八
핵·에너지 문제 정보센터 이사
[10] [28] [29] [34] [35] [39] [41] [54] [55] [56] [57] [58] [59] [60] [61] [62] [63] [65]

사이토 히로유키 齋藤 宏之
노동안전위생 종합연구소 상석연구원
[36]

사마키 다케오 左巻 健男
호세이대학 교직과정센터 교수
[01] [02] [03] [05] [06] [07] [08] [09] [11] [12] [13] [15] [16] [17] [18] [19] [37] [40]

마스모토 데루키 桝本 輝樹
지바현립 보건의료대학 강사
[14] [38] [42] [43] [44] [45] [46] [47] [48] [49] [50] [51] [52] [53] [64] [66]

요코우치 다다시 横内 正
나가노현 마쓰모토시립 시미즈중학교 교사
[21] [22] [32]

스에요시 기미 末吉 喜美
본문 일러스트

고다마 가즈야 児玉 一八
p.22, 32, 39, 105 일러스트